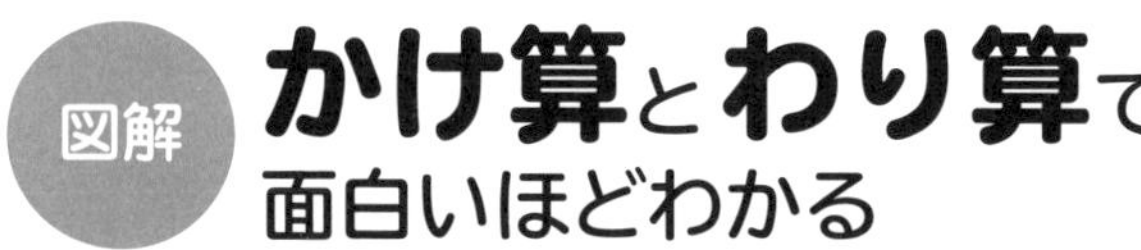

微分積分

海上自衛隊数学教官
佐々木 淳

はじめに

「これも いきものの サガ か」

元号が平成に代わったばかりの頃、熱中していたロールプレイングゲームがありました。

そのロールプレイングゲームは、町の中心に天まで続く塔があり、人々には「塔の頂上には楽園がある」という噂が伝えられていました。

多くの人々が楽園を目指して塔の扉を開くものの、誰一人として帰って来ない、そんな物語でした。そこへ冒険者である主人公が、塔の扉を開け頂上を目指します。主人公には幾多の困難が待ち構えますが、その度にシルクハットを被った謎の男が現れ、助言を与え、主人公を塔の頂上にある楽園へ導くのです。

そして塔の頂上にたどり着いた主人公の前に、今まで助言をくれたシルクハットを被った男が黒幕として現れます。その黒幕が言った台詞が冒頭の「これも いきものの サガ か」なのです。

サガ（性）とは生まれながらにして持っている性質です。

日本における数学教育のレベルは高い位置にあります。そのため、高校までで数学が苦手になっている方も多いかもしれません。

しかし苦手で無関心であれば、この書籍の扉のページを開けていないはずです。苦手なはずなのになぜかひっかかる。無関心でいられない。「これもまた、私たち人間のサガ」なのかもしれません。

申し遅れました。私は海上自衛隊で、教官としてパイロット候補生に数学を教えています。「自衛隊で数学を教えています」というと、多くの方に驚かれますが、自衛隊の中には学校があり、そこでは様々な教育が行われています。

海上自衛隊にはパイロット候補生である航空学生を育てる学校があり、私はそこに勤めています。パイロット候補生に教える数学の１つが微分積分で、高等学校では理系に分類されるものですが、入隊した学生の中には微分積分が苦手だった者もいます。

理由は様々ありますが、微分積分は何をやっているのかわからないまま、計算問題の練習に明け暮れて、段々と難しくなることで嫌になり、苦手になる人が多い分野です。

多くの人々がチャレンジしながら、塔の頂上にたどりつけずにいる「冒頭のロールプレイングゲーム」に、微分積分は似ているのかもしれません。

そんなチャレンジをする者に試練を与えつづける微分積分には、学習者が迷子にならず、あきらめないように助言を与えて導く、シルクハットの男が必要です。

微分積分に限らず、数学は少しのアドバイスで、苦手意識の克服、成績の上昇につながることが多々あります。私が普段教えている航空学生も、少しのアドバイスで数学の苦手意識を克服し、成績が上昇したものが数多くいます。

本書が、微分積分で先に進むのを諦めかけている主人公に、助言を与えるシルクハットの男となり、微分積分が持つ実用例を伝えられたら幸いです。本書を読み終わった先には、今までとは違った景色が広がっているはずです。もしかすると人はそれを「楽園」というのかもしれません。

それでは、微分積分という天まで続く塔の扉を開けましょう。

2020年 8月　佐々木淳

目次

第3章 積分の本質はかけ算

第4章 身近で使われている微分積分

第5章 キャラクターのいのちを生み出す微分積分

第1章

微分積分を理解するための準備

こんなところにも微分積分が！

01 実生活でよく見る「微分積分」

微分積分って何に役立つの？

微分積分と聞くと、高校時代に意味が分からず公式を覚え、計算するだけで手一杯だったという方も多いと思います。そのため、何の役に立つのかが分からず苦手になってしまう方も多かったのではないでしょうか。

微分積分とは、**物事の変化を瞬時に予測するツール**です。例えば、自動車の速度メータから、飛行機の離陸・着陸速度、人工衛星やロケットの軌道計算、遺跡の年代測定、経済状況の変化、高速道路やジェットコースターのループに使われるクロソイド曲線、台風進路予想、Twitterで話題になっている言葉を表示する「トレンド」のアルゴリズムなどに活用されています。このように微分積分は実用的なツールとして、様々な場面で幅広く利用されているのです。

近年身近で使う微分積分？

また、近年よく耳にするようになった言葉に人工知能や機械学習がありますが、機械学習を支える学問にも微分積分は必須です。このような最新技術は、微分積分のざっくりとしたイメージを知ることで理解が深まります。そのため本書では、難しい計算は行わずにイメージ重視で微分積分を紹介していきます。

私たちの身近は微分積分であふれている！

身近にある微分積分

微分積分が使われている最新技術

人工知能　機械学習　ディープラーニング

↓

微分積分 が根底を支えている

それぞれの関係を見てみよう

微分・積分の本質に迫る たし算・ひき算・かけ算・わり算

それでは微分積分を学習していきます。微分積分のイメージをつかむために「たし算・ひき算・かけ算・わり算」に関するいろいろな見方がとても重要となります。そこで、この節では「たし算・ひき算・かけ算・わり算」の本質を学習していきましょう。

たし算の逆がひき算、かけ算の逆がわり算

まず、右図のようにたし算の逆がひき算、かけ算の逆がわり算と習います。この逆の計算の方法を正確にいうと、逆演算といいます。

たし算の応用がかけ算

次に、たし算とかけ算、ひき算とわり算の関係に着目していきましょう。例えば、3＋3＋3＋3＋3＋3＋3＋3のような計算を

$$3+3+3+3+3=3+3+3+6=3+3+9=3+12=15$$

のように１個ずつ行ってもよいのですが、これは3×5＝15とまとめて計算したほうが楽で正確です。たし算をまとめて計算したものがかけ算ですから、**かけ算はたし算の応用**と考えることもできます。

微分積分のイメージは、りんごの計算から始めよう

● たし算・ひき算・かけ算・わり算の関係

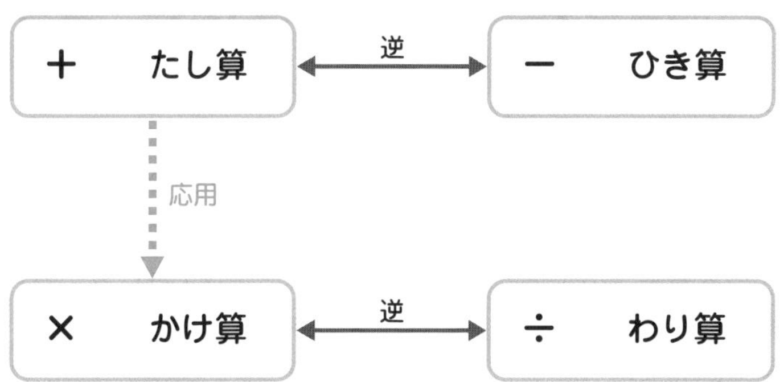

● たし算とかけ算の関係

$$3+3+3+3+3 = 3+3+3+6 = 3+3+9 = 3+12 = 15$$

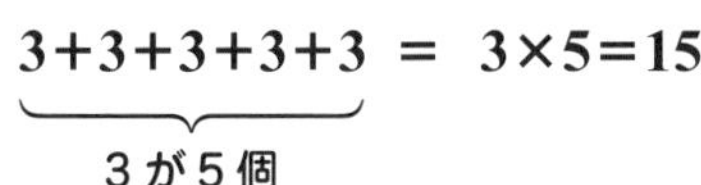

「かけ算」は「たし算」の応用と考えられる

ひき算とわり算の関係は？

03 ひき算の応用がわり算

ひき算は微分につながっている

前節の内容から、かけ算はたし算の応用ですから、わり算はひき算を応用したものではないか？　とも考えることができます。

例えば、「6÷2＝3」は「3×2＝6」の逆演算と考えるのが一般的ですが、「**6から2を何回ひいたら0になるのか**」という別の見方をすることもできます。実際、考えてみると

6－2＝4	**：2を1回ひく**
6－2－2＝2	**：2を2回ひく**
6－2－2－2＝0	**：2を3回ひく**

6から2を1回ひくと4になり、6から2を2回ひくと2になり、6から2を3回ひくと0になるので、6÷2＝3と考えることもできます。この**ひき算の応用として考えるわり算**は、いろいろな場面で活躍します。

特に、分数のわり算の計算を「わる数をひっくり返してかける」と小学生で習いますが、理由を説明するのは意外に難しいと思います。後に説明しますが、わり算をかけ算の逆演算として考えると「分数のわり算の計算」は日常的なイメージがしづらいため説明が難しいのです。

そのときに役立つのが「ひき算の応用として考えるわり算」です。ひき算は大小を比べる際によく用いられます。また、わり算がひき算の応用と考えられるのであれば、大小を比べる際にわり算を用いることもできるわけです。この考え方は微分に発展していきます。

微分積分のイメージを支える、四則演算の関係

● わり算はひき算の応用

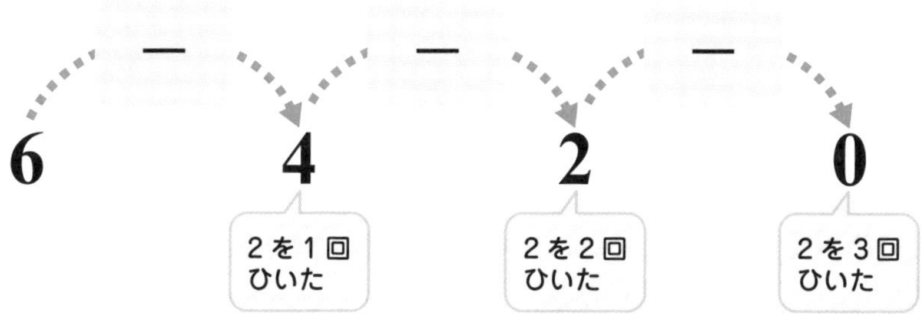

● たし算・ひき算・かけ算・わり算の関係

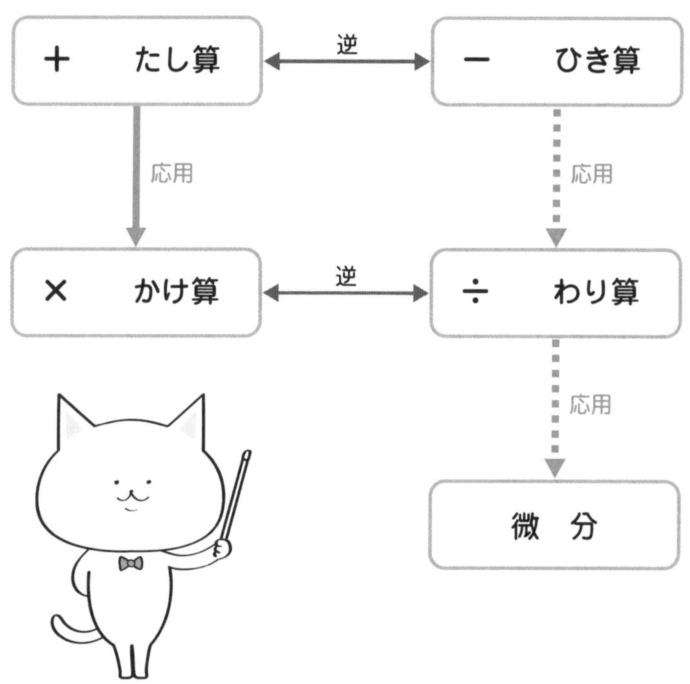

卵のパックはかけ算そのもの！

04 かけ算と積分は対応している

卵で考えるかけ算

右頁(ページ)の図のように、卵2個が5ペアあるとします。卵は割れる可能性がありますから、普通は1パックに詰めて販売しています。**このように1パックにまとめる行為がかけ算でした。**この1パックを、右頁の図のように正方形と○に置き換えて考えてみます。このように置き換えると、縦、横、1目盛りずつの正方形が何個あるのか？　という数えやすいシンプルな形に置き換えることができます。

この問題であれば、縦の目盛りを2、横の目盛りを5に置き換えることができ、$2 \times 5 = 10$と計算できます。さらに、右頁の図のように目盛りを取り除くと、縦の長さが2、横の長さが5の長方形の面積と考えられ$2 \times 5 = 10$と計算することができます。このように、**かけ算はいろいろなものを面積に置き換えて考えることができます。**逆に考えると、面積で表されている抽象的なものを、かけ算に戻して具体的に考えることもできます。

数学はこのようにシンプルにして計算することが多々あり、この「かけ算＝面積」の発想は積分にもつながっていきます。

積分の理解につながるかけ算、面積のイメージ

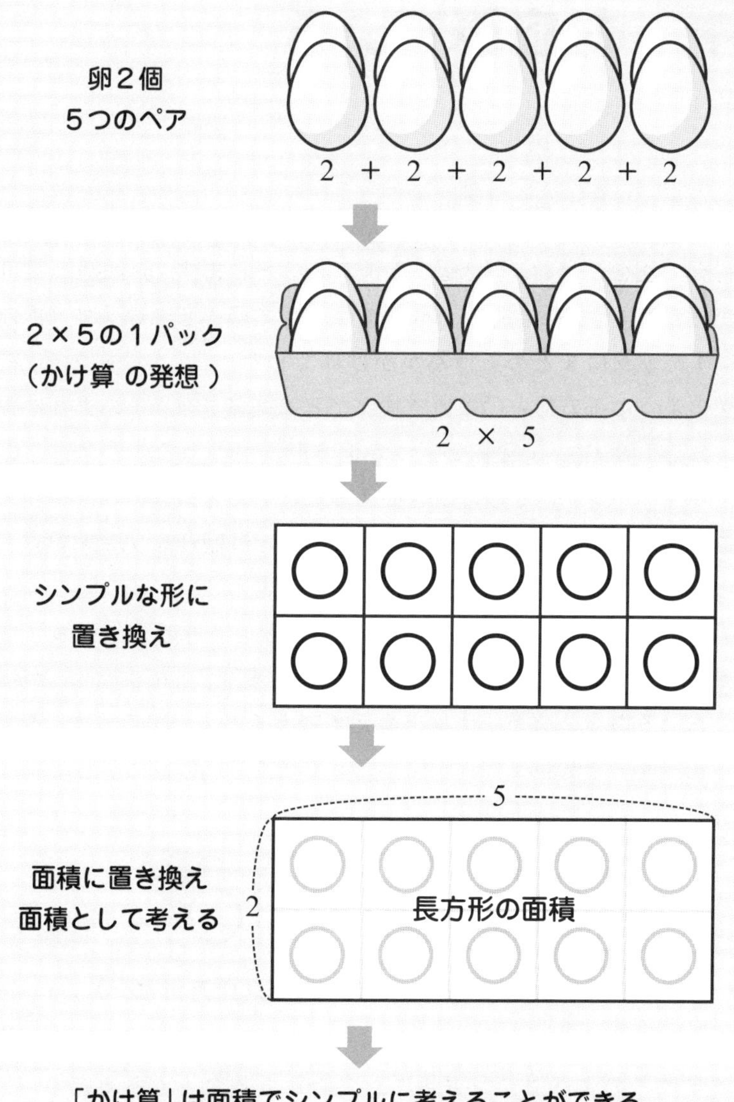

「かけ算」は面積でシンプルに考えることができる
「面積」はかけ算に戻して具体的にできる

「分け方」こそわり算の本質！

05 りんごの分け方で考えるわり算

ここでは、具体的な問題を通して「わり算」を、「かけ算の逆」「ひき算の応用」という2つの角度から見ていきましょう。例えば、6÷2を考えるとします。もちろん答えは6÷2＝3ですが、身近な例にするために、次のように文章を補っていきましょう。自然に思いつく、問題文の例は次のようなものでしょうか。

6÷2を文章題にしてみると その1

Q 6個のりんごをA君とBさんの2人に分けると、A君とBさんは何個りんごを配ることができるか？

もちろん結果は6÷2＝3ですが、状況は右頁の図のようにA君とBさんの2人でりんごを分ける形になります。他に、次のように文章を補うこともできるはずです。

6÷2を文章題にしてみると その2

Q 6個のりんごを2個ずつ配ると、何人にりんごが配れるか？

この文章題も6÷2＝3を示していまが、状況は右頁の図ように先ほどの その1 とは違った形になります。このような文章の作り方は、あまりしないかもしれませんが、いろいろな場面で活用できます。

この2つの見方でわり算の答え（商）が変わる場合もあるので、次の頁で紹介していきます。

第1章

わり算には2通りの考え方がある

6個のりんごをA君とBさんの2人に分ける

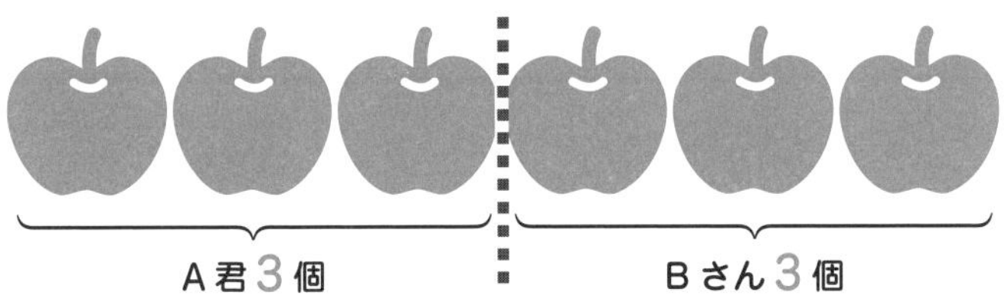

6個のりんごを2個ずつ配ると

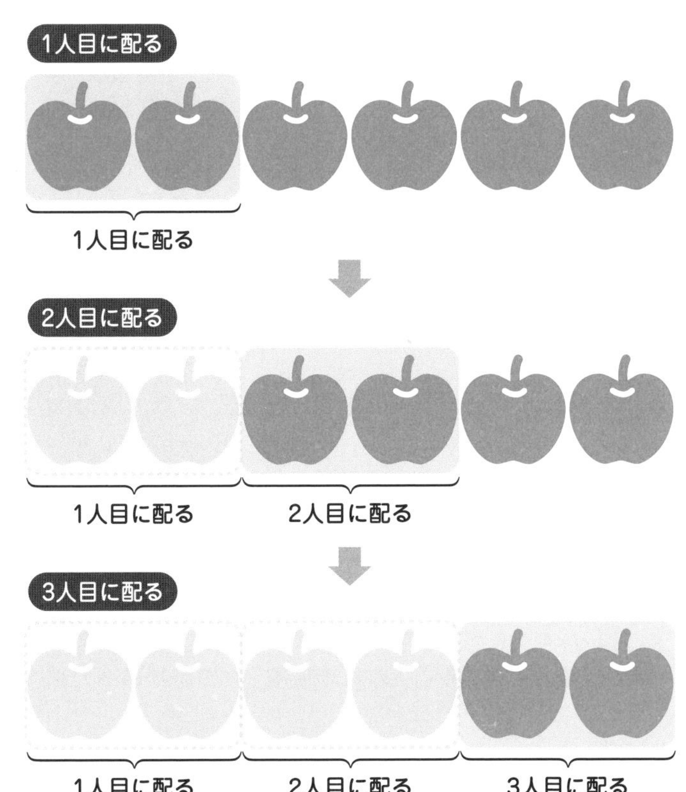

わり切れない数の表し方は…？

先ほどの6÷2は3とわり切れる問題だったので答えが1通りでした。しかし、小学校では整数でわり切れない数も習いました。例えば7÷2です。これは

7÷2＝3.5

と求めるのが1つですが、小学校でわり算を学習したときには、もうひとつの答え方があったはずです。それは

7÷2＝3余り1

です。中学校以降では、このように「余り1」のような解答をしなくなりますが、なぜこのように2つの解答の違いがあるのでしょうか？
この違いは、わり算は「かけ算の逆演算」なのか「ひき算の応用」なのかにあります。

わり算は「かけ算の逆」か「ひき算の応用」なのか？

右頁の図を見てください。「7÷2＝3.5」はかけ算の逆の考え方で、7個のリンゴを2人で分けると、1人3.5個（3個と半分）になることを意味しています。

それに対して「7÷2＝3余り1」は、右頁の図のように、2個ずつひき算して、1個余る場合です。この考え方は「ひき算の応用」ととらえることができます。つまり、7÷2の答え「3.5」と「3余り1」の違いは**「かけ算の逆演算」なのか「ひき算の応用」なのかにあったのです。**

わり算には2通りの答え方がある

● 7個のりんごをA君とBさんの2人に分ける（かけ算の逆）

A君 3.5 個
Bさん 3.5 個

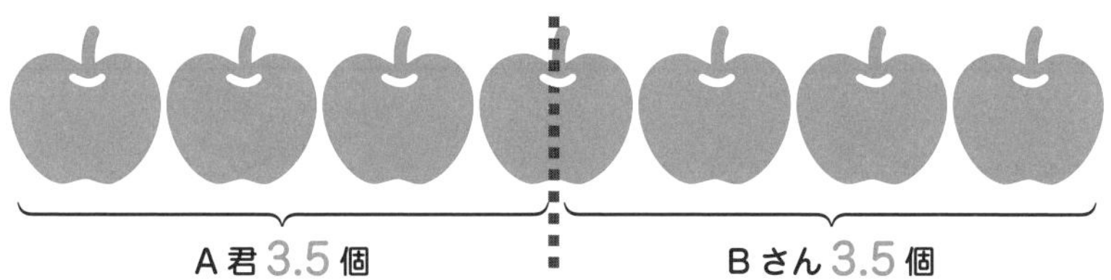

● 7個のりんごを2個ずつ配ると（ひき算の応用）

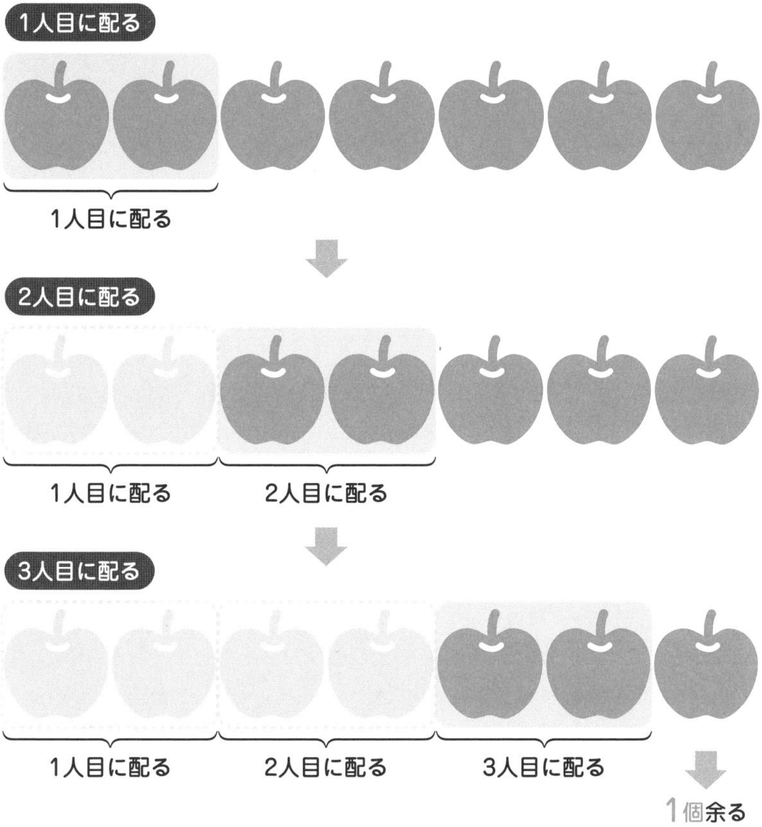

1人目に配る
1人目に配る
2人目に配る
1人目に配る
2人目に配る
3人目に配る
1人目に配る
2人目に配る
3人目に配る
1個余る

分数のわり算で「ひっくり返してかける」謎

わり算の２つの見方に触れたので、ここで小学生以来ずっと謎だった、**分数のわり算は「わる数をひっくり返してかける」について説明していきます。**

例えば、$3 \div \frac{1}{2}$について考えてみましょう。

わり算を従来通り「かけ算の逆」として考えると難しくなります。

なぜなら、右頁の図のように「$3 \div \frac{1}{2}$」を文章にすると

Q ３枚のピザを $\frac{1}{2}$ 人に配ると、１人何枚のピザが配れるか？

となり、人間を$\frac{1}{2}$人として考えるのは、イメージしづらいと思います。そこで「ひき算の応用」として、「$3 \div \frac{1}{2}$」を文章にすると

Q ３枚のピザを $\frac{1}{2}$ 枚ずつ配ると、何人にピザを配れるか？

となり、右頁の図のようにイメージしやすくなります。

計算すると、答えは

$$3 \div \frac{1}{2} = 3 \times 2 = 6$$

より、６枚です。「$\div \frac{1}{2}$」と「$\times 2$」の関係は「ひき算の応用」として「わり算」をとらえたほうが分かりやすいのではないでしょうか。

このわる数がどんどん小さくなったものが微分法であり、分数のわり算の理解は微分法の理解につながっていきます。

分数のわり算は「かけ算の逆」では考えにくい

● $3 \div \frac{1}{2}$ かけ算の逆として考えると

Q 3枚のピザを $\frac{1}{2}$ 人に分ける？

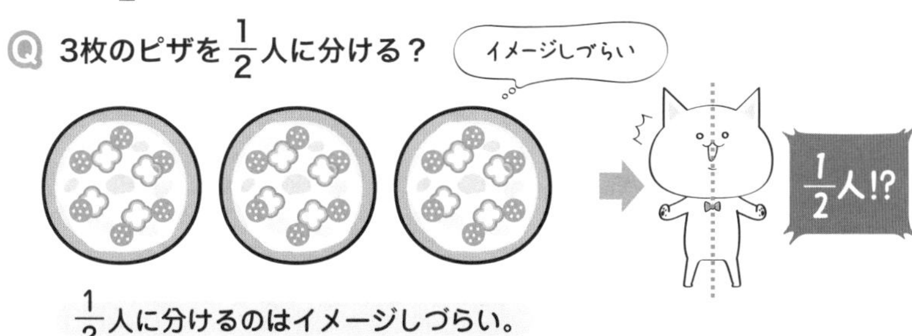

$\frac{1}{2}$ 人に分けるのはイメージしづらい。

● $3 \div \frac{1}{2}$ ひき算の応用として考えると

Q 3枚のピザを $\frac{1}{2}$ 枚ずつ分ける？

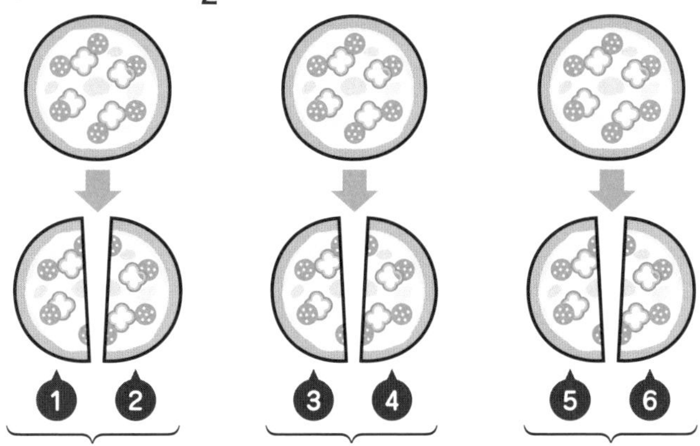

サイズを $\frac{1}{2}$ 枚ずつにしたら、2倍の人数に配ることができた！

$$3 \div \frac{1}{2} = 3 \times 2 = 6$$

逆数の関係

この関係が「分数のわり算は、わる数をひっくり返してかける」の正体！

どうしてわっちゃダメなの？

06 0でわってはいけません

突然ですが、iPhoneやスマートフォンで「6÷0」と計算してみてください。すると右頁の図のように、エラー（もしくはEやError）、ゼロで除算できません、infinity（無限）と表示されると思います。

答えは0にならないの？　と考えた方もいると思います。今回は、今までの知識を総動員するために確認していきましょう。

「0でわる」を文章にしてみよう

まず6÷0に文章を付けるとどうなるでしょうか？　かけ算の逆として考えると

Q 6個のリンゴを0人に分けると、1人何個ずつ配れるか？

となりますが、配ることができないですね。

ひき算の応用として考えると

Q 6個のリンゴを0個ずつ配ると、何人に配れるのか？

となりますが、これも配ることができません。

そのため、答えが出せないので、エラーとなるのです。

数学の式で分からないものがあれば、文章にして考えることが理解の第一歩になります。困ったときは、まず文章で考えてみましょう。

電卓が見せる奇妙な答えが、微分につながっている

● 電卓で÷0を計算すると…

iPhone で「÷0」をした場合

Android スマートフォンで「÷0」をした場合

PC で「÷0」をした場合

電卓（電子卓上式計算機）で「÷0」をした場合

フランス旅行から学ぶ自然数のとらえ方

自然数が0ではなく1から始まるのはなぜ？

「なぜ自然数は0ではなく1から始まるのですか？」と聞かれることがあります。物事を進める際にはルールが必要です。それは数学であっても同じで、数学ではそのルールを定義といいます。

日本では、高等学校までの数学で自然数を1以上の整数1，2，3，4…と定義します。自然数を0以上の整数と定義することもできますが、定義の仕方が人によって変わると学習する側が混乱してしまいます。そのため、高等学校の数学までは統一されています。

ただし、先ほどの質問を「定義だから」と「回答」すると無味乾燥なので、「あくまで、日本では、自然数は1から始まると習いますが、他国はそうとも限らないです」と回答しています。このように回答するのは、私のかつての経験があるからです。

0から数えるか、1から数えるか

大学院を修業する直前の2月に、研究室の知人とフランスのパックツアーに参加しました。フランスに着き、ホテルにチェックインしてエレベーターに乗りボタンを押そうとしたとき、友人とともに一瞬戸惑いました。エレベーターのボタンに「0」があるのです。それが、すぐに日本の1階を指すことに気がつきましたが、実際に海外旅行してみると、こんな些細なことにも戸惑うもので、エレベーターの中には「G」と書かれている場所もありました。

Gはグラウンドフロア（ground floor）で0階のことですが、エレベーターのボタンが「G」と「1」だけのものや「G」と「－1」だけのものには混乱しました（補足ですが、フランスでは地下1階、地下2階を日本のようにB1、B2ではなく－1、－2のように表記されています）。

パックツアーのガイドさんから「フランスでは建物が１階からではなく、0階から始まります。イギリスもそうなんですよ」と聞き、「自然数のとらえ方は、住んでいる国によっても違うんだな」とそのときしみじみと実感しました。翌日はルーヴル美術館のツアーでしたが、入館する階はやはり0階でした。

なおアメリカは日本と同じで建物は1階から始まります。しかし、困ったことに、下の図の通りアメリカとイギリス・フランスでは1階、2階…を指す英語は同じでも、場所が違います。

自然数のとらえ方の違いはこんなところにも現れます。みなさんも海外に行く際には、お役立てください。

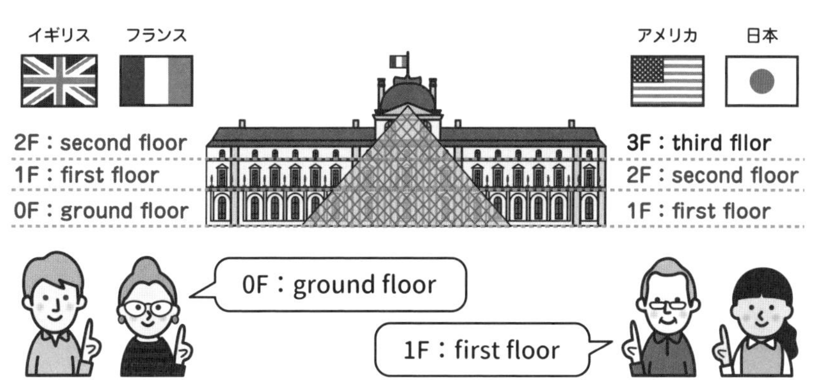

文字で広がる数学の世界

07 xとyのお話とxとyを図にしてみると

わからないものは、仮置きして先に進めよう！

算数から数学になったとき、必ず起こる状況があります。それは、一気に答えが出ず、先に進めない状況です。算数の問題はたし算、ひき算、かけ算、わり算という道具を駆使して進むと、答えにたどり着きます。しかし、数学は途中で進めない場面が出てきます。

そんな困ったときは正々堂々と計算するのをやめるのです。そして、「わからないもの」は「わからない」のだから、仮置きしてしまうのです。仮置きする際に登場するのが、正体不明の文字「x」や「y」です。

文字を使うシチュエーションは？

文字を使うシチュエーションは、大きく分けて2つあり「値がわからないとき」と「値が変化するとき」です。「値がわからないとき」の「x」や「y」を**未知数**、値が変化するときの「x」や「y」を**変数**と呼びます。

この文字「x」や「y」を式だけではなく、図にして見やすくすることもよくあります。その際に数字の位置を視覚的に表した数直線を2つ合わせたものを**座標平面**といいます。次の頁では、この座標平面について紹介していきます。

2つの意味を持つ「x」を知ろう

● 【未知数】と【変数】の「x」

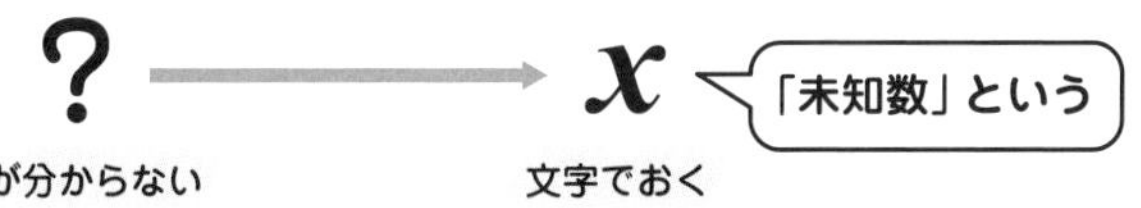

◆1本150円の栄養ドリンクを購入するときの代金を考える

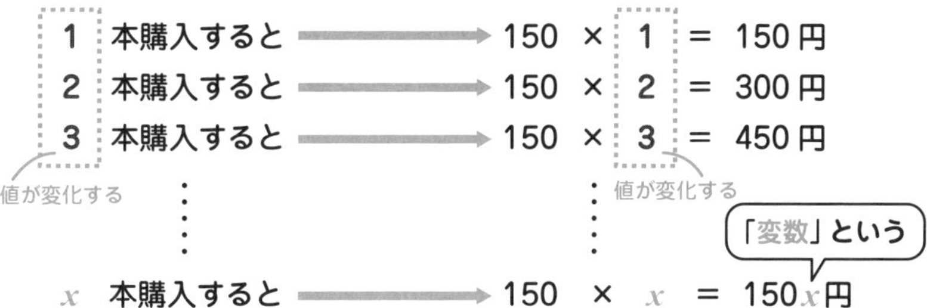

● 数直線から座標平面

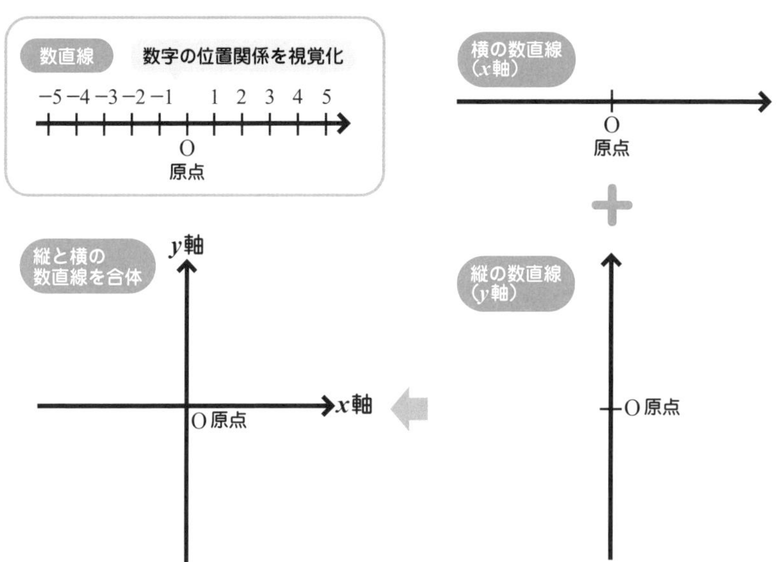

アイディアは突然に

08 デカルトの夢からできた「座標平面」のお話

「座標平面」って何？

微分積分で必要になる座標・座標平面についてお話していきます。

座標平面は右頁の図のように、数直線と数直線を直角に交差させて作ったものでした。直線に目盛りを入れ、数字を視覚的に表すことができます。**座標**は、この目盛りのどの位置にあるのかを数字を使って表したものです。

例えば、真ん中にある原点から右に3、上に2動かした座標の位置は$(3, 2)$と表すことができます。なお、数直線の真ん中を**原点**といい、英語でOriginなのでOと表します。原点の座標はO$(0, 0)$です。

また、数直線と数直線の交点を原点として、各々の数直線を**軸**といいます。軸はxとyを用いて表すことが多く、原点から横に伸びる軸を**x軸**、縦に伸びる軸を**y軸**といいます。このx軸とy軸で表された座標平面を「**xy平面**」といいます。

このような座標平面を考えることで、いろいろな図形を式で表すことができます。このアイディアを思いついたのがデカルトというフランスの数学者で、彼は夢の中で座標を思いついたといわれています。

日常でも役立つ座標平面

座標平面は目盛りを入れてキチキチに利用しなくてはいけないわけではありません。右頁の図のように、軸に重要性や緊急性を書き、何が大事なのかを明確にする際に用いることもできます。**柔軟に考えると、座標平面は日常的によく有効活用されています。**

デカルトが考案した座標平面に触れてみよう

● 座標平面

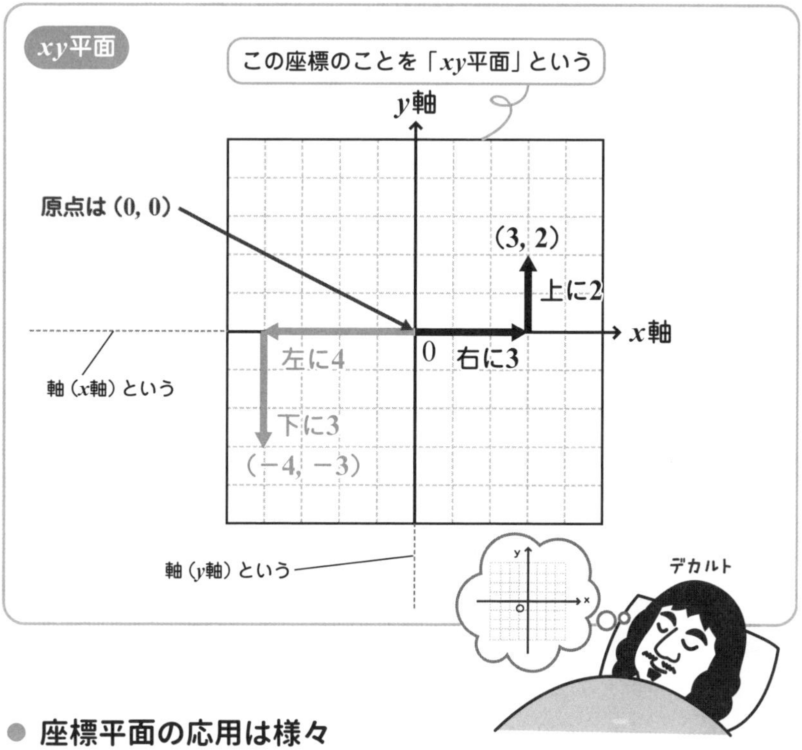

xy平面
この座標のことを「xy平面」という
y軸
原点は（0, 0）
（3, 2）
上に2
x軸
0
右に3
左に4
軸（x軸）という
下に3
（−4, −3）
軸（y軸）という
デカルト

● 座標平面の応用は様々

重要性
緊急ではない
重要
緊急
重要
緊急性
緊急ではない
重要ではない
緊急
重要ではない

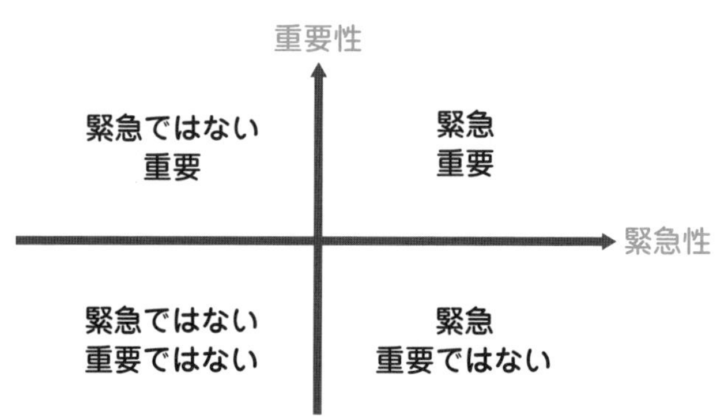

ヒットの秘密は数学にあり

09 座標平面による ヒット商品の計算

ストローが変われば味も変わる!?

私は毎日、水、お茶、コーヒーを飲みますが、ペットボトル、紙パック、チルドパックと様々な種類で販売されています。この飲み物に数学が関係していると考える人はほとんどいないと思います。そのような食べ物・飲み物の好みを数学的に分析する分野に**食感性工学**があります。ここでは、エスプレッソコーヒーなどに使われる右図のようなチルドカップに着目してみます。

このようなチルドカップの商品を製作する上で、様々な検討や研究がなされ、苦味、風味、香味の配合に留意することが必要との結果がでました。そのエスプレッソ抽出を印象付ける「苦味」に最適な「美味しさ」は、なんと**ストローの直径の長短により「苦味の強さ」を調整できる**ことを発見しています。ストローの直径が長くなると「水っぽく」感じ、短くなると「苦味が強くなる」と感じるのです。私がよく立ち寄るコーヒーショップも、飲み物によってストローの直径の長短が違います。

この「苦み」と「水っぽさ」を座標平面で視覚的に表したのが右頁です。ストローの直径の長短で、水っぽさや苦みが表現されますから、飲み物と自分の嗜好にあったものをそろえると、飲料生活がさらに楽しくなりそうです。

座標平面がヒット商品を生むことも！

● ストローの太さと香味の関係

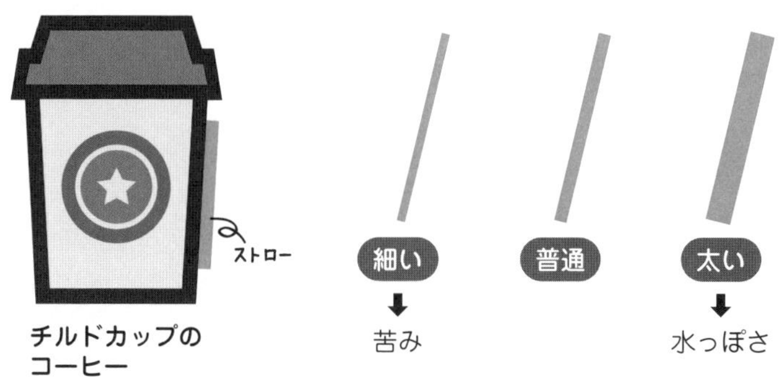

● ストローの違いによる味の座標平面

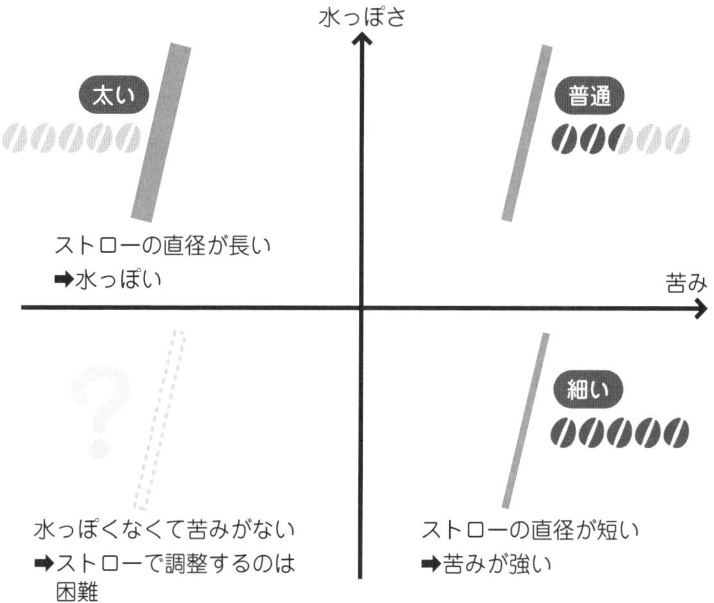

関数の役割を理解しよう！

10 ディープラーニングにもつながる関数を学ぼう

関数とは？

座標平面の次は、**関数**について学習していきましょう。関数は微分積分のみならず、近年話題になっている人工知能（特にディープラーニング）やプログラミングなどを理解するために必須の知識です。まずは関数のイメージから紹介していきます。

関数は「あるもの1」と「あるもの2」を結びつける対応関係をいいます。例えば、自動販売機に100円のスポーツドリンク、150円の栄養ドリンク、200円のエナジードリンクがあるとします。200円入れて「エナジードリンクのボタン」を「押す」と「エナジードリンク」が買える。このようにそれぞれの「ボタン」を押すと、それぞれ決まった「ドリンク」が出てきます。この対応関係が関数の大まかなイメージです。

関数は英語で「function（ファンクション）」といいます。パソコンのキーボードの上部にある「F1」から「F12」までのキーをプログラマブルファンクションキーといい、プログラムの特定の機能を呼び出すための便利なキーがあります。これも関数の1つです。

関数にならない例は？

スーパーなどで見かけるガシャポンや神社のおみくじなどは、何が出てくるかわからないワクワクさが醍醐味です。しかし、関数とは「入力に対して決まった結果が出力される対応関係」のことをいうので、何が出てくるのかわからないものは関数にはならないのです。

関数になるもの、関数ではないもの

● 関数の例

自動販売機にお金を入れてドリンクを購入する

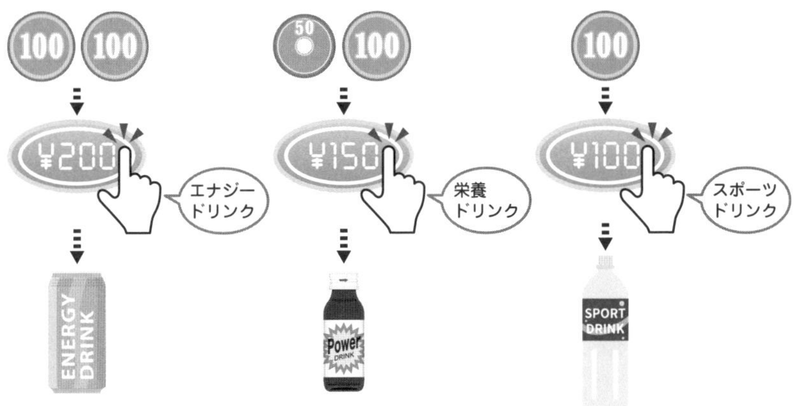

キーを押してプログラムの機能を呼び出す

プログラマブルファンクションキー
(programmable function key)

F1 ➡ヘルプを表示する　F5 ➡更新する
F2 ➡ファイルやフォルダの名称を変更する　など

● 関数ではない例

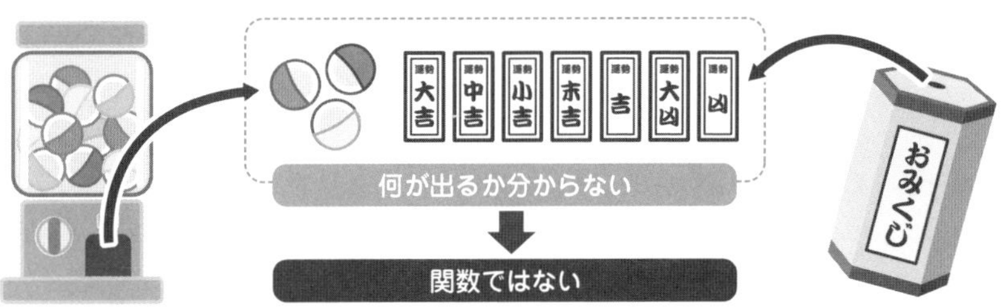

自動販売機で見る関数

自動販売機の場合、「あるもの1（x）」がボタン、「あるもの2（y）」が飲み物となります。この対応関係を成り立たせている自動販売機の役割こそ、まさしく関数といえるのです。

ボタン（x）	飲み物（y）
スポーツドリンクのボタン（100円）	スポーツドリンク
栄養ドリンクのボタン（150円）	栄養ドリンク
エナジードリンクのボタン（200円）	エナジードリンク

数学で使われる関数は？

数学で関数を用いる場合、「あるもの1」と「あるもの2」をx、yと文字で表すことが多いです。x、yを用いたとき、関数は「$y=4x$」、「$y=x^2$」のように表します。

この関数「$y=4x$」に「$x=1$」を代入すると「$y=4\times1=4$」、「$x=2$」を代入すると「$y=4\times2=8$」となります。

「$y=x^2$」の場合、「$x=-1$」を代入すると「$y=(-1)^2=1$」、「$x=1$」を代入すると「$y=1^2=1$」となります。「$x=-2$」を代入すると「$y=(-2)^2=4$」、「$x=2$」を代入すると「$y=2^2=4$」となります。

このように代入した数値に対して決まった数値が出力されます。このそれぞれの数値の結びつきが数学で使われている関数となります。

身近で関数を利用する際は

関数は式にしてグラフを描くことで見やすくすることが多いです。式が複雑で難しい場合でも、グラフにすることで、式の増加や減少のイメージを伝えることができます。なお増加や減少を調べて、グラフを描くための道具が微分です。

関数は、ブラックボックス

● 自動販売機で見る関数

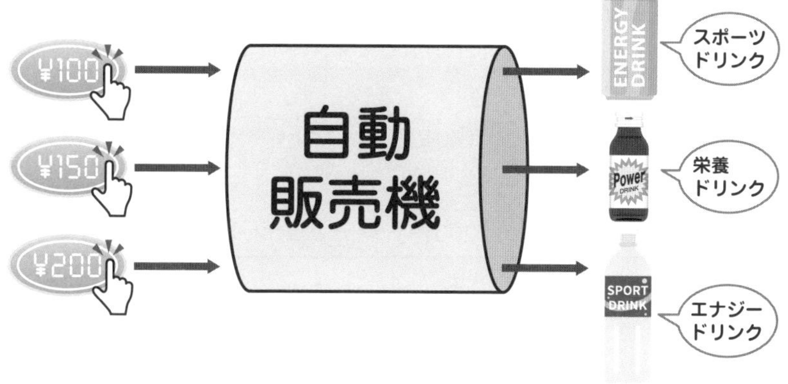

● 数学で使われる関数

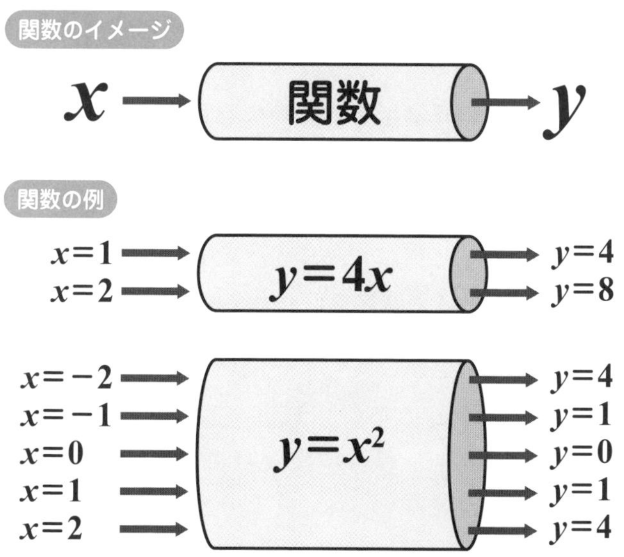

それぞれの特徴とは？

11 具体例で関数を学習しよう

それでは、具体例として関数のグラフを描いていきます。

1次関数とは？

関数は「あるもの」と「あるもの」を結びつける関係でした。今回は**1次関数**を紹介します。1次関数は直線を表したもので、式にすると

$y=2x$ 、 $y=x+2$ 、 $y=-3x+6$

のように、「$y=\bigcirc x+\square$」の形で表されています。「x」を**変数**といい、□に入る数字を**切片**といいます。また、「＝」の左側にあるものを**左辺**（上の式では「y」）、「＝」の右側にあるものを**右辺**（上の式では「$2x$」、「$x+2$」、「$-3x+6$」）といいます。そして、「$y=2x$」の「2」、「$y=x+2$」の「1」、「$y=-3x+6$」の「-3」を**傾き**といいます。

1次関数をグラフで表す

先ほどの式をグラフで表してみましょう。「$y=2x$」のとき、「$x=1$」を代入すると「$y=2\times 1=2$」なので、座標は(1、2)。「$x=2$」を代入すると「$y=2\times 2=4$」なので、座標は(2、4)。「$x=3$」を代入すると「$y=2\times 3=6$」なので、座標は(3、6)。となります。図は右頁の通りです。座標(1、2)、(2、4)、(3、6)を結ぶと、右頁のように直線「$y=2x$」となります。

1次関数が表すものは、一番身近にある直線

● 1次関数は直線でy＝○＋□の形

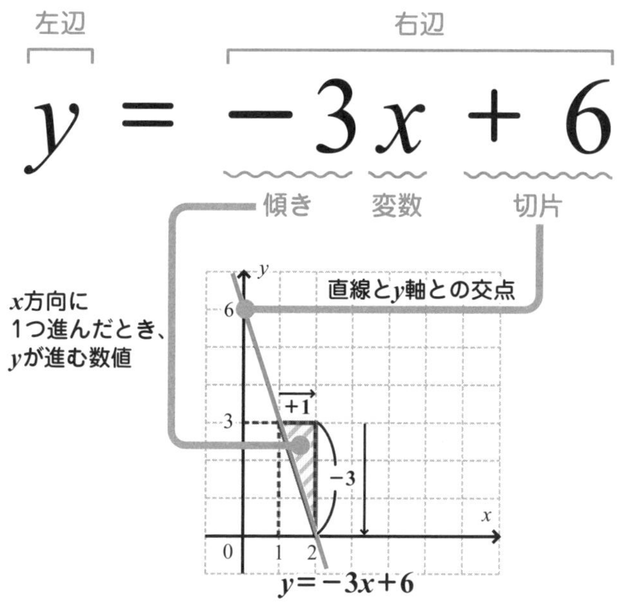

● 1次関数「$y = 2x$」を描いてみると

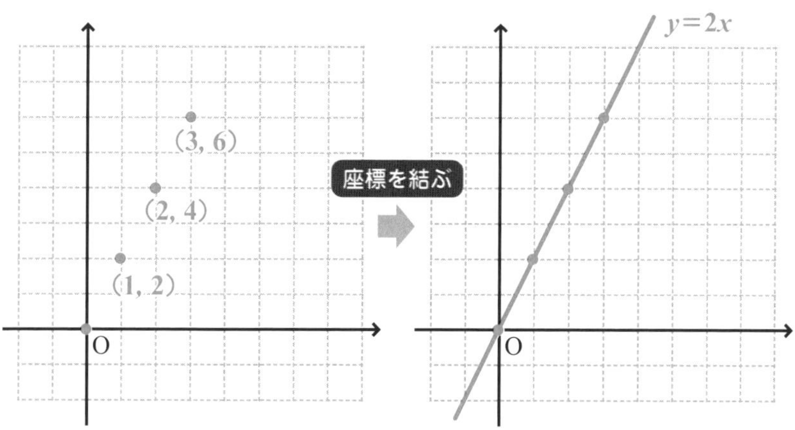

2次関数をグラフで表す

1次関数に続いて**2次関数**に移ります。1次関数は「$y=○x+□$」の形で表されているものでした。2次関数は「$y=○x^2+□x+△$」の形をしています。2次関数の式を具体的に書くと

$$y=x^2 \quad 、\quad y=-\frac{1}{2}x^2+6 \quad 、\quad y=x^2+2x+1$$

などです。$y=x^2$のグラフを描いてみましょう。1次関数と同じようにプロットしていきます。$y=x^2$に

「$x=1$」を代入すると「$y=1^2=1$」なので、座標は$(1, 1)$。

「$x=-1$」を代入すると「$y=(-1)^2=1$」なので、座標は$(-1, 1)$。

「$x=2$」を代入すると「$y=2^2=4$」なので、座標は$(2, 4)$。

「$x=-2$」を代入すると「$y=(-2)^2=4$」なので、座標は$(-2, 4)$。

「$x=3$」を代入すると「$y=3^2=9$」なので、座標は$(3, 9)$。

「$x=-3$」を代入すると「$y=(-3)^2=9$」なので、座標は$(-3, 9)$。

となります。

グラフを描くと分かりますが、**2次関数は左右対称の山型もしくは谷型の形をしています（放物線）。グラフを描くときは、点と点を直線で結ぶのではなく、なめらかに結んでいきます。**

2次関数の活用例は？

2次関数にはどのような例があるのでしょうか？　2次関数は、身長と体重の関係から肥満度を示す体格指数（BMI:Body Mass Index）のグラフ、ロケットの軌道、ハロゲンヒーター、BSやCS放送を見るときに設置するパラボラアンテナの曲線の形など、日常生活の様々な場面で登場しています。

2次関数が表すものは、放物線

● 2次関数の例「$y = x^2$」

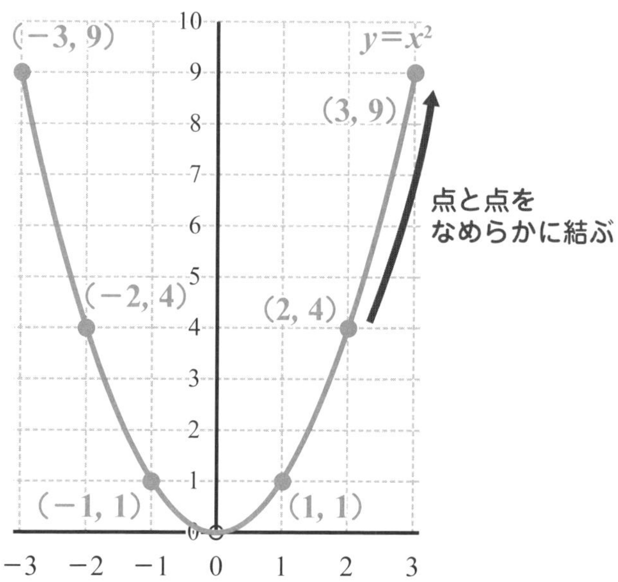

● 2次関数の日常例

きわどいときは記号に頼ろう！

12 「超小さい数」を表すには？

限りなく0に近い値！？

0.0000000000000000000000000000000………………001

数学でも、上記のように0ではないけど、0にすごく近い「きわどい数」が必要な時があります（学校の教科書では「限りなく0に近い値」と書いてあります）。例えば、自動車の速さを調べるときです。瞬間の速さを求めるために（進んだ距離）を（瞬間の時間0）でわることになりますが「÷0」は電卓計算（➡P.22）で紹介したようにエラーになり求められません。そこでこの「限りなく0に近い値が必要になるのです。この「限りなく」を表す数学の記号が「**lim（リミット）**」です。このlimを使って「**xが限りなく0に近づく**とき、**x^2は0に近づく**」を数式にすると以下のように表します。

$$\lim_{x \to 0} x^2 = 0$$

数学で「（左辺）＝（右辺）」と表した場合、（左辺）と（右辺）が等しいことを表しますが、「lim」がある場合（左辺）が（右辺）に近づくことを意味します。 つまり必ずしも「＝」になるとは限らないのです。数学にも、このように「きわどい」状況を対処する記号があります。（左辺）の目的地が（右辺）、または（右辺）の目的地が（左辺）になるような「きわどい」状況の例はコラム（➡P.44）で紹介します。

数学にも「きわどい数字」を表す方法がある

● きわどい数字を表したいときは

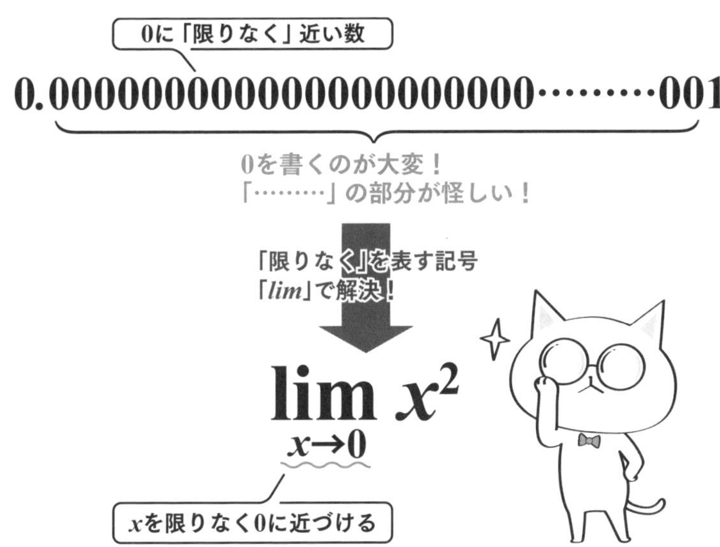

● 「lim」を用いると

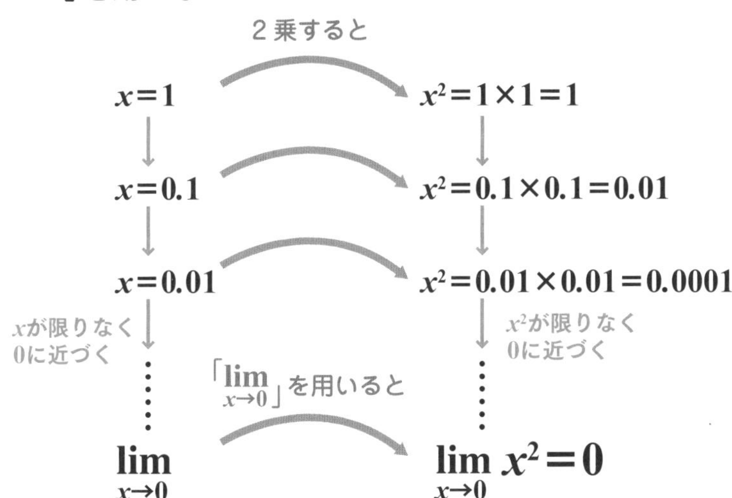

超大きい数とGoogleの意外な関係

13 limは「超大きい数」も表せる

有限ではないから無限

「lim」は「限りなく0に近い値」だけではなく、1googol = 10^{100}（1グーゴル）やグーゴルプレックス（$10^{1\text{googol}} = 10^{10^{100}}$）よりもはるかに大きい数を「∞」を用いて表すことができます。

グーゴル（googol）という言葉は、アメリカの数学者、エドワード・カスナーの甥のミルトン・シロッタによって作られたものです。

一・十・百・千・万・億・兆・京…と続く、数を表す規則を命数といいますが、日本で一番大きい命数は無量大数（むりょうたいすう）で10^{68}ですから、10^{100}であるグーゴルは途方もなく大きな数とわかります。

このグーゴル、実はある有名企業の由来にもなっています。その企業とは日本語で「ググる」、英語では「検索する」という意味の動詞としても定着しているGoogleです。

Googleは、スタンフォード大学の博士課程に在籍していたラリー・ペイジ氏とセルゲイ・ブリン氏が創業しました。

1997年にラリー・ペイジが新しい検索エンジンの名前を考えてドメイン名として登録した際「googol.com」を「google.com」とつづりを間違えたことで「google」という名称になったといわれています。

またGoogle本社の愛称Googleplexもgoogolplexが由来といわれています。今では、本家の「googol」という単語よりも有名になりました。失敗の先に成功があるとはいいますが、Googleの名称も失敗の先にあった成功なのかもしれません。

「超大きい」、「超小さい」を数学で表すと

● limは大きい数も表せる

命数

万・億・兆・京・垓・秭・穣・溝・澗・正・載・極

恒河沙（ごうがしゃ）$=10^{52}$・阿僧祇（あそうぎ）$=10^{56}$・那由他（なゆた）$=10^{60}$・不可思議（ふかしぎ）$=10^{64}$

1 無量大数（むりょうたいすう）$=10^{68}$

1000000000000000000000000000000000000000000
0000000000000000000000000000

0の数が68個

1googol $=10^{100}$

1000000000000000000000000000000000000000000
00000000000000000000000000000000000000000
0000000000000000000

0の数が100個

1googolplex $=10^{1\text{googol}}=10^{10^{100}}=10^{1000\cdots\cdots000}$

0の数が1googol $=10^{100}$ 個

$$\lim_{x\to\infty} x = \infty$$ （無限大）

● googleは間違いから？

googol

googolplex

つづりを間違えて…

google

Googleplex

「1=0.99999……………」は本当なの？

1=0.99999……は同じ？

1と0.99999……………は同じなのか？　よく話題になります。実際に計算で確かめてみましょう。

$$\frac{1}{9} = 1 \div 9 = 0.1111111111\cdots$$

この式を9倍していくと

$$\frac{1}{9} \times 9 = 0.1111111111\cdots \times 9$$
$$1 = 0.9999999999\cdots$$

となります。他にも「0.9999999999…」の値があるか分からないので「$x = 0.9999999999\cdots$」として、両辺を10倍します。

$$x \times 10 = 0.9999999999\cdots \times 10$$
$$10x = 9.9999999999\cdots$$

この式の両辺から「$x = 0.9999999999\cdots$」をそれぞれひき算すると

$$\begin{array}{rl} & 10x = 9.9999999999\cdots \\ -) & x = 0.9999999999\cdots \\ \hline & 9x = 9 \end{array}$$

「$9x = 9$」となり、「$x = 1 = 0.9999999999\cdots$」と求めることができます。

第2章

微分の本質はわり算

地球から学ぶ微分のイメージ

01 地球は丸いのになぜ平地？

地球の丸さを実感してみよう

今はテクノロジーが発達して、人工衛星が撮影した地球の画像から、「地球が丸い」ことは誰もが知っています。しかし、日常で地球の丸さを実感できる場面はあまりありません。そこで、地球が実際に丸い理由や丸いことを実感できる場所を紹介していきます。

例えば、天気が良い日に見える水平線。仮に地球が平面であった場合、無限の先まで水平線がないのですから、ぼやけてはっきりと見えないはずです。つまり水平線がはっきり見えるのは、地球が丸い証拠です。なお、静岡県の御前崎市には「地球が丸く見えるん台」と呼ばれる、水平線が丸みを帯びて見えるスポットもあります。また天気の良い日に千葉県館山市にある洲埼灯台から富士山を眺めてみてください。海面上から富士山が浮いて見えます。もし地球が平面なら、こんな現象は起こりません。

丸い地球が平地に感じるのは微分のせい？

普段は丸い地球を歩いている…というより、平面上を歩いているようにしか感じません。それはなぜかというと、**地球から見ると私たちが普段歩く距離があまりに少ないため、平面上を歩いているように感じるのです。**この「あまりに少ないため平面に感じる」というイメージは微分そのものであり、**私たちは地球を微分した平面上を歩いているとも考えられるのです。**それではこのイメージをふまえ、次頁から微分について具体的に学んでいきましょう。

地球の丸さ体験スポット

● 地球が平面 ➡ 水平線がぼやけて見える

● 地球が丸い ➡ 水平線がはっきりと見える

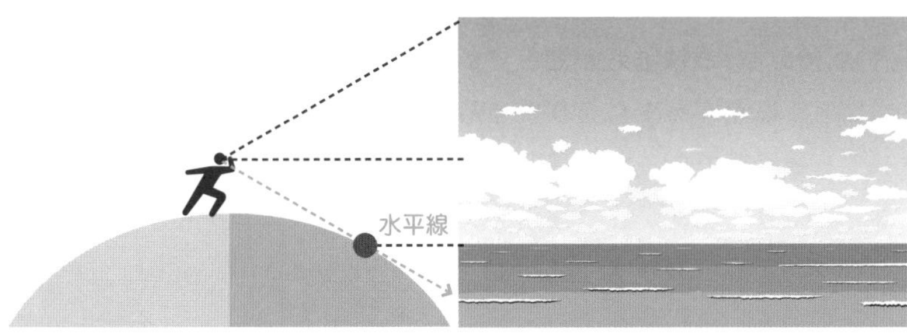

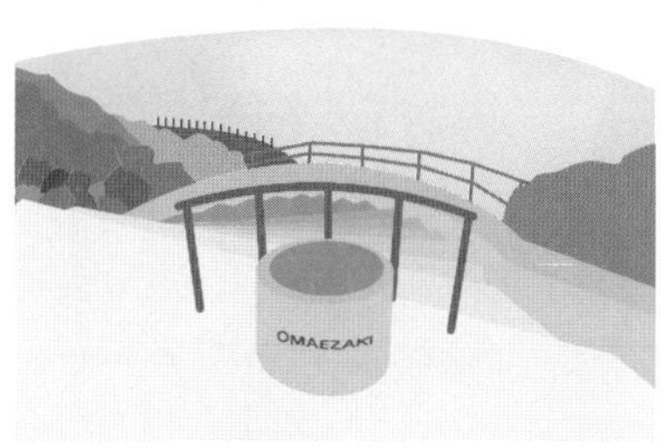

静岡県御前崎市
「地球が丸く見えるん台」

千葉県館山市にある洲崎灯台
海ごしに見える富士山

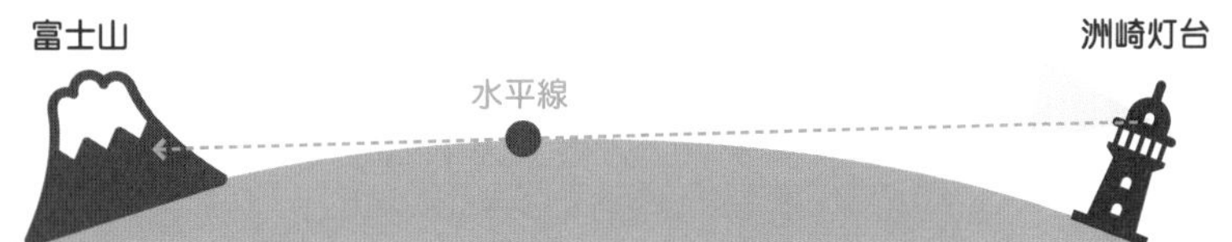

わり算で微分を理解しよう！

02 傾きから微分のイメージをつかもう

高等学校の教科書にある微分積分のイメージ

まず、微分積分というと右頁のイメージのように、**微分は「接線の傾き」、積分は「面積」**と答える方もいると思います。

当然、このイメージは正解ですが、果たしてこれが現代にどう活かされているのか？　と問われると答えるのが難しいのではないでしょうか。というのも「接線の傾きを求めること」や「面積を求めること」を日常的に行う人は中々いないからです。

イメージから微分を理解していこう！

多くの微分の学習は、日常的に求めることがあまりない「接線の傾き」をイメージとして進めていきます。

微分は後に紹介する公式で機械的に解ける問題が数多くあります。そのため、機械的に解けているうちは良いのですが、学習を進めるにつれ簡単には解けない問題にも取り組むことになります。そのとき、微分のイメージを具体的に持っていないと何をやっているのかわからないまま、微分に苦手意識を持ってしまいます。

苦手から脱却するためには、やはり簡単なイメージをつかむことが大切です。そこでイメージを理解するために、高校の教科書とは別の角度から微分積分をアプローチしていきます。

まず微分で学習する「**接線の傾きを求めること**」について掘り下げていきましょう。接線は右頁の図の通り、直線と考えられるので、接線を直線に置き換えて考えていきます。

微分積分、接線のイメージ

● 高等学校で学ぶ微分積分のイメージ

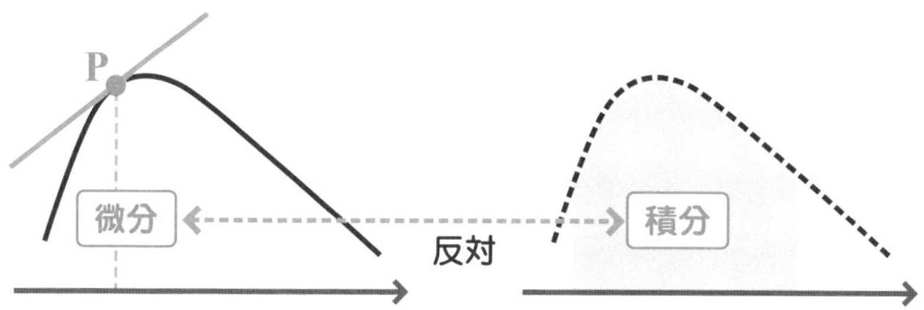

① 微分は左上図のような「接線の傾き」を求めること

② 積分は右上図のような「面積」を求めること

③ 微分の反対は積分、積分の反対は微分

● 接線のイメージ

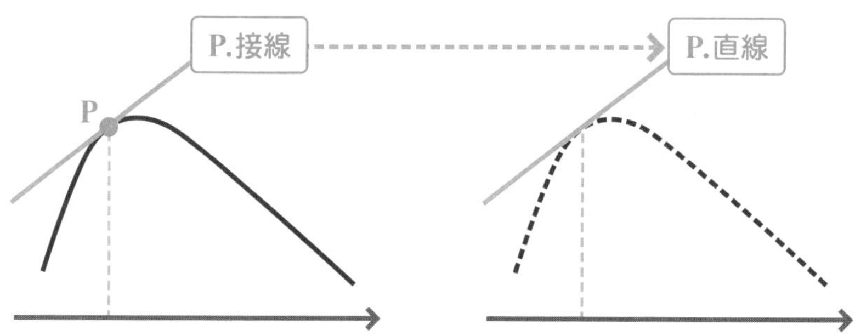

まずは「直線の傾き」を通して、微分の大まかなイメージをつかもう。

直線の傾きの理解が微分のイメージに！

「原点O(0, 0)と点(3, 2)を通る直線の傾き」を通して、傾きを復習していきましょう。

この直線が通る点(3, 2)は、原点Oからx方向に＋3、y方向に＋2に移動した点です。そして、このx方向の「＋3」のことを**xの増加量**といい、y方向の「＋2」のことを**yの増加量**といいます。

x方向とy方向、それぞれの増加量がわかれば、直線の傾きを求めることができます。中学校の教科書に掲載されている以下の公式に当てはめてみましょう。

直線の傾き＝$\frac{y\text{の増加量}}{x\text{の増加量}}$

x方向、y方向それぞれの増加量をこの公式に当てはめると、直線の傾きは$\frac{2}{3}$となります。これは$2 \div 3$のことですから、**直線の傾きは「わり算」で求められる**ことが分かります。

微分のイメージは「わり算」

ここまでをまとめると

❶「微分」で求められるのは「接線の傾き」
❷「接線」は、「直線」と考えられる
❸「直線の傾き」は「わり算」で求めることができる

となります。❶、❷、❸より、「**微分はわり算をすること**」と考えることができます。

直線の傾きを求めてみよう！

●「直線の傾き」を振り返ってみよう

下図のような原点 O（0,0）と点（3,2）を通る直線の傾きは?

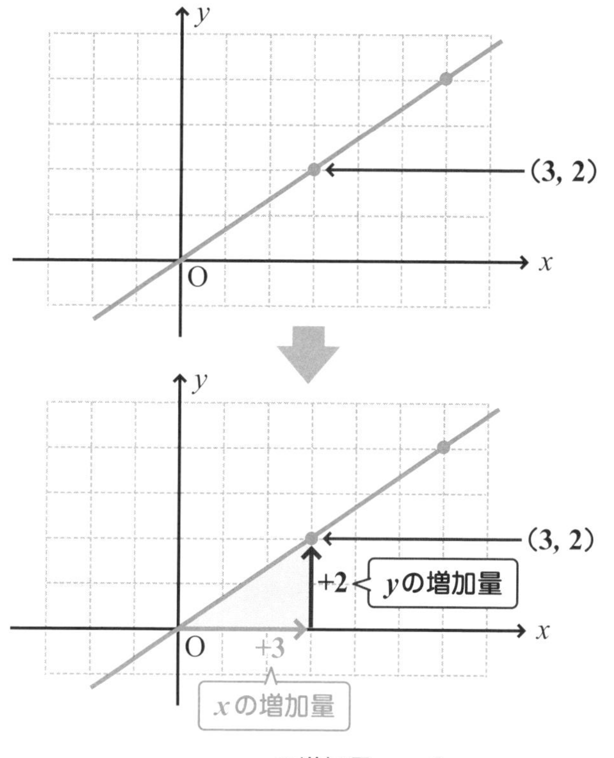

$$\text{直線の傾き} = \frac{y\text{の増加量}}{x\text{の増加量}} = \frac{2}{3}$$

●「微分」は「わり算」をすること

微分する ➡ 接線の傾き ➡ 直線の傾き ➡ わり算で求める

数式に惑わされるな！

03 微分の記号で一番大切なものは「－」

これから教科書にある微分公式の大切な点を紹介していく前に、2つだけ記号の説明が必要になるため、ここで紹介します。

関数の記号

$$y = 2x,\ y = x^2,\ y = x^3$$

のように、xとyの関係を表したものが関数でした。関数は、別の書き方があり「$y =$」を「$f(x) =$」と表すこともできます。

$$f(x) = 2x,\ f(x) = x^2,\ f(x) = x^3$$

例えば、$y = 2x$では「$x = 1$のとき、$y = 2 \times 1 = 2$」と表していたものを「$f(x) = 2x$」とすることで、「$f(1) = 2 \times 1 = 2$」と、**xに何を代入したのかを括弧内に表記することができます。**

差の記号

微分の公式を学習する際、「Δx（デルタ）」という記号を見かけることがあります。「$\boldsymbol{\Delta x}$」は$\boldsymbol{\Delta}$と$\boldsymbol{x}$のセットで、xの差（ひいた値）を表し、多くの場合は微小な差を意味します。また、「$\boldsymbol{\Delta x \to 0}$」は「$x$の差が0に近づいていく」ことを表し、$x$の差が0に近い場合を「$dx$」と表します。

微分積分で使う記号$f(x)$、dx、Δxを知ろう

● 記号の説明（関数：$f(x)$）

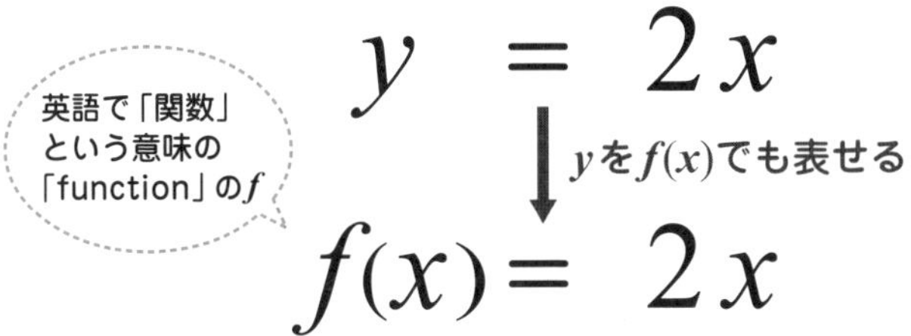

$f(x)$を使うメリット

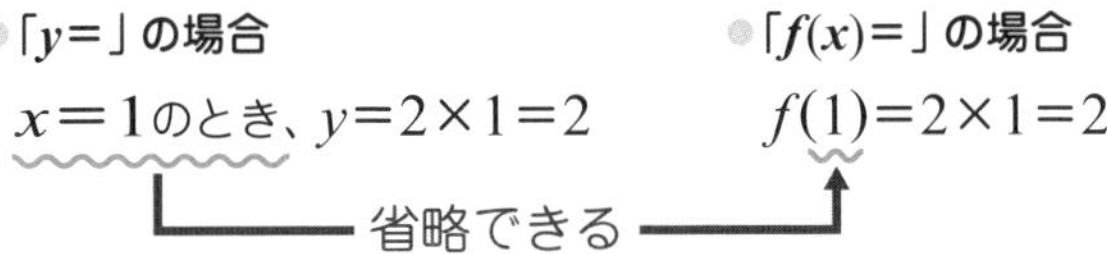

● 記号の説明（Δxとdx）

Δx：xの差

↓ 右図の例の場合

$\Delta x=0.75-0.25=0.5$

Δx
0.25　0.75

↓

$\Delta x=0.3-0.25=0.05$

Δx
0.25　0.3

↓ Δxを限りなく0に近づける

$dx=0.0000000000\cdots\cdots1$

dx
0.25

微分の公式で大切なものは？

高等学校の教科書を見ると、次の微分公式を見かけます。

$$f'(x) = \lim_{\Delta x \to 0} \frac{f(x+\Delta x)-f(x)}{\Delta x} \cdots ①$$

$f(x)$は関数の記号で、$f'(x)$の「$'$」は「$f(x)$」を微分するという記号で、日本では「ダッシュ」海外では「プライム」といいます。数学の記号でつまずく人も多いと思いますが、この①の式で大切な点は2つだけです。1つは

$$\lim_{\Delta x \to 0} \frac{f(x+\Delta x)-f(x)}{\Delta x}$$

の「――」です。この青い傍線が示すのは分数で「分数はわり算の別の表し方」ですから、**「微分はわり算」であることを式で示しているだけ**です。

ではなぜ「わり算」をわざわざ「微分」というのか疑問を持つ人がいると思います。その理由は①の式の大切な点のもう一つにあります。

それは、**分母の「Δx」と記号「lim」の下に書いてある「$\Delta x \to 0$」**です。「Δx」は、xの差（ひいた値）を表し、「$\Delta x \to 0$」は「xの差」が0に近づいていくことを表していました。

具体的には

「$\Delta x \to 0$」 $\Delta x = 0.0000000000 \cdots\cdots\cdots\cdots 00000000001$

のようなイメージです。

ここから**微分は、わる数が「0.0000000000…………00000000001」のようにほとんど0のような数（dx）のわり算**と分かります。

微分はわる数がほとんど0のような数のわり算

● **微分とは？**

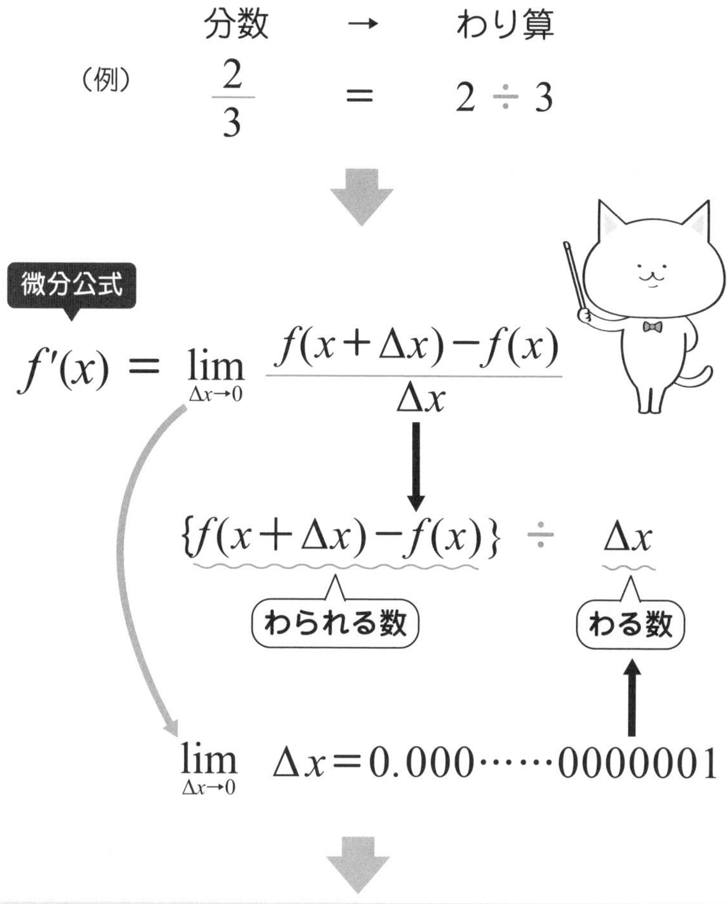

微分は「わる数」が「0.000……0000001」のように、かぎりなく0に近い数の**わり算**

必要なイメージをつかもう！

04 微分のイメージと微分で求められるものを知ろう

微分のイメージ

微分はざっくりいうと「**わる数が0に近い数のわり算**」であることはわかりました。そこで、微分のイメージと、微分で求められるものは何なのかをここで考えていきましょう。

微分のイメージというと、高等学校で学習した「接線の傾き」のほかに、平易な書籍には「細かく分けること」、「分析すること」などが載っています。もちろん、このイメージで正しいのですが、身近な例で知るとよりイメージの理解が深まります。

微分で求められるもの

小学生で学習した「はじき」もしくは「みはじ」の公式を覚えているでしょうか？　「距離÷時間＝速さ」「道のり÷時間＝速さ」の覚え方を示した公式ですが、速さを求めるのにわり算を用いていますから、速さは微分を利用して用いることができます。

自動車の速度メーターのように瞬間の速度を知りたいとき微分はベストなツールなのです。自動車の速度メーターは速さが時速なのでわかるのは１時間毎です、では困りますね。特に一般道から高速道路に入るときやその逆などは瞬間の速度こそ大事ですから、わり算よりも微分の方が大事なわけです。

微分のイメージから微分で求められるものへ

● 微分のイメージ

計算	グラフ	実生活
わる数が0に近い数のわり算	接線の傾き	細かく分ける分析する

● 微分で求められるもの

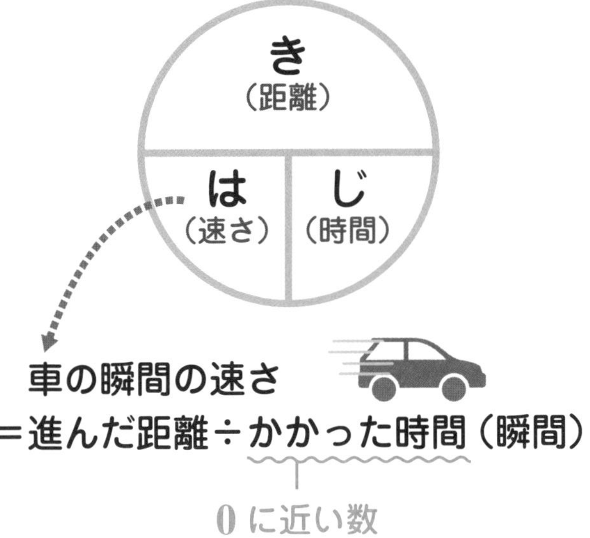

わる数が
0に近い数のわり算

微分の出番!!

実際に計算してみよう！

05 微分の計算に触れて、グラフで見てみよう

微分の計算に触れて、グラフを見てみよう

ここでは、微分の計算に少しだけ触れ、グラフのイメージを結び付けていきましょう。関数$y=x^{□}$（もしくは$f(x)=x^{□}$）の形のとき、**微分した式**y'（もしくは、$f'(x)$）は、$□x^{□-1}$となります。

$y=x^{□}$（または$f(x)=x^{□}$）**のとき、**$y'=□x^{□-1}$（または$f'(x)=□x^{□-1}$）

なお、「$y=3$」のように定数の場合は、傾きが0なので微分した式y'も0となります。つまり「$y'=0$」です。

他に「$y=2x$」のように傾きがいつでも2と決まっている場合は、微分した式y'も2となります。つまり「$y'=2$」です。

例 $y=x^2$を微分すると　$y'=2x^{2-1}=2x$

例 $y=\frac{1}{3}x^3$を微分すると　$y'=\frac{1}{3}\times 3x^{3-1}=x^2$

それでは、次頁より微分の具体的な計算とグラフの対応を行ってみましょう。

微分の計算とグラフをイメージしていこう❶

● 微分の計算

$y=x^{\square}$（または$f(x)=x^{\square}$）を微分すると

微分記号

$$y'=\square x^{\square-1}$$

（または　$f'(x)=\square x^{\square-1}$）

● 具体的に計算すると

$y=3$を微分すると

$y'=0$ ➡ 定数は傾きが常に0のため

$y=x^2$を微分すると

$$y'=2x^{2-1}=2x$$

$y=\dfrac{1}{3}x^3+x+3$を微分すると

$x^0=1$

$$y=\frac{1}{3}\times 3x^{3-1}+1\times x^{1-1}=x^2+1$$

$y=x^2$ と $y=\frac{1}{3}x^3$ の微分したグラフを見てみよう

$y=x^2$ の微分は $y'=2x$ でした（この式の y を消去（代入）した「$(x^2)'=2x$」形もよく利用されます）。この式の x にそれぞれ値を代入していき、微分後のグラフの動きを見ていきましょう。ここで $x=-1$、$x=0$、$x=1$ にそれぞれの値を代入していくと

- **$x=-1$ における接線の傾きは $y'=2\times(-1)=-2$**
- **$x=0$ における接線の傾きは $y'=2\times 0=0$**
- **$x=1$ における接線の傾きは $y'=2\times 1=2$**

となります。この対応関係を表したグラフが、右頁の左側の図です。

次に $y=\frac{1}{3}x^3$ の微分後のグラフの動きを見てみましょう。$y=\frac{1}{3}x^3$ を微分すると、$y'=x^2$ です。ここで $x=-2$、-1、0、1、2、を代入していくと

- **$x=-2$ における接線の傾きは $y'=(-2)^2=4$**
- **$x=-1$ における接線の傾きは $y'=(-1)^2=1$**
- **$x=0$ における接線の傾きは $y'=0^2=0$**
- **$x=1$ における接線の傾きは $y'=1^2=1$**
- **$x=2$ における接線の傾きは $y'=2^2=4$**

となります。この対応関係を表したグラフが、右頁の右側の図です。

グラフと接線の傾き（微分したグラフ）の関係を見る

ここまでで、グラフと接線の傾き（微分したグラフ）の対応を見てきました。ここでさらに関係を見ていくと、グラフが右上がりに増加するとき、接線の傾きはプラスになっています。右下がりに減少するとき、接線の傾きはマイナスで、増加も減少もしないときは、接線の傾きは0となっています。この関係を次の頁で紹介します。

微分の計算とグラフをイメージしていこう❷

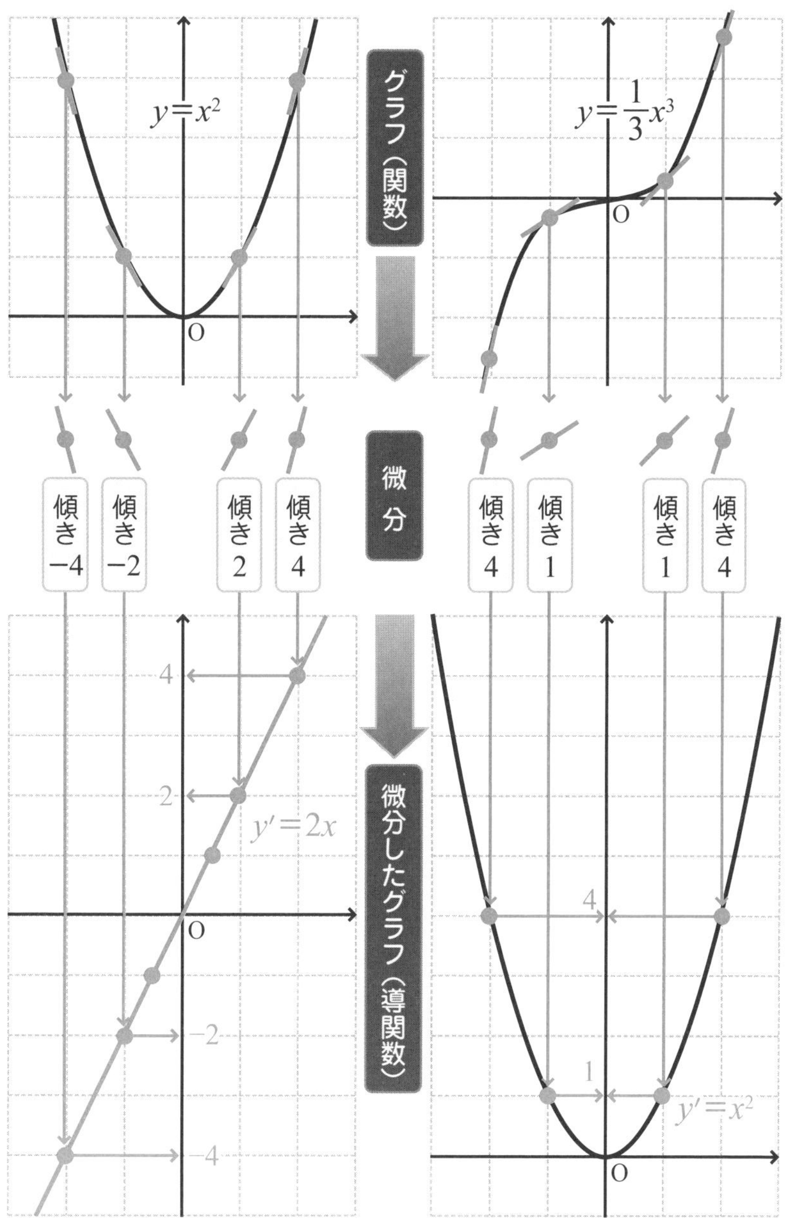

微分でグラフの動きがわかる！

06 増加・減少は微分を調べればいい

右上がりに増加するグラフ、右下がりに減少するグラフ

右頁の図のようにグラフが右上がりに増加し続けるときを数学では**単調増加**といいます。単調増加のときは、接線の傾きは＋(0より大きい)です。逆に考えると、接線の傾きy'が＋の場合は、グラフが右上がりに増加していきます。後に増加と減少を表にした増減表を紹介しますが、そのときに単調増加は右上がりの矢印「↗」で表します。

また、右下がりに減少し続けるときを**単調減少**といい、右下がりの矢印「↘」で表します。接線の傾きy'が－(0より小さい)の場合、グラフは右下がりに減少していきます。

グラフが増加も減少もしない場合は、直線(接線)の傾きが0です。なお、接線を引いたとき、接線がグラフの上にくる部分を**上に凸**、接線がグラフの下にくる部分を**下に凸**といいます。

右上がりに増加するグラフ、右下がりに減少するグラフ

単調増加 ↗

y'が＋

（接線の傾きが0より大きい）

y（グラフ）が
右上がりに増加する

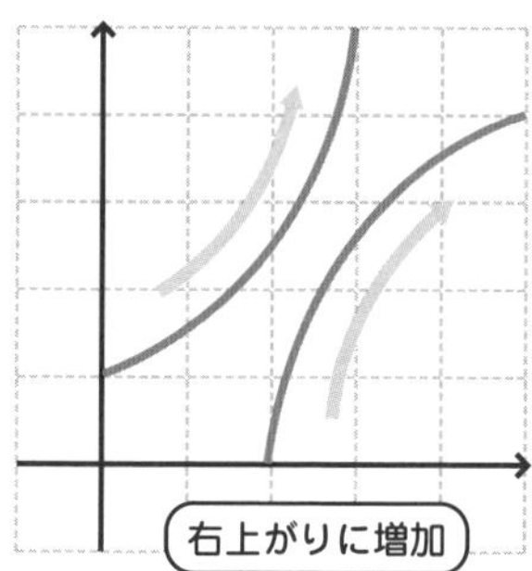

単調減少 ↘

y'が－

（接線の傾きが0より小さい）

y（グラフ）が
右下がりに減少する

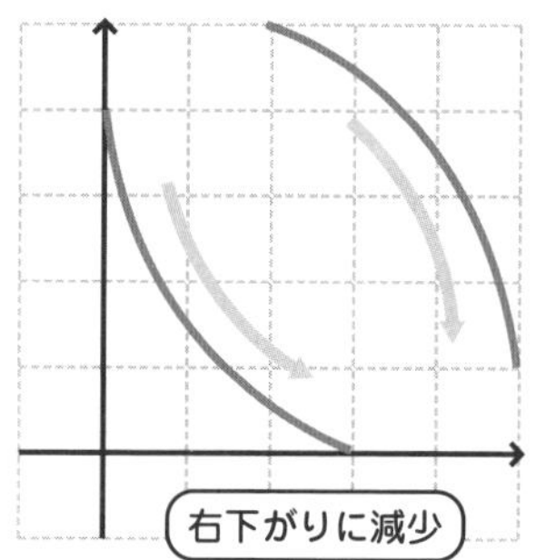

上に凸

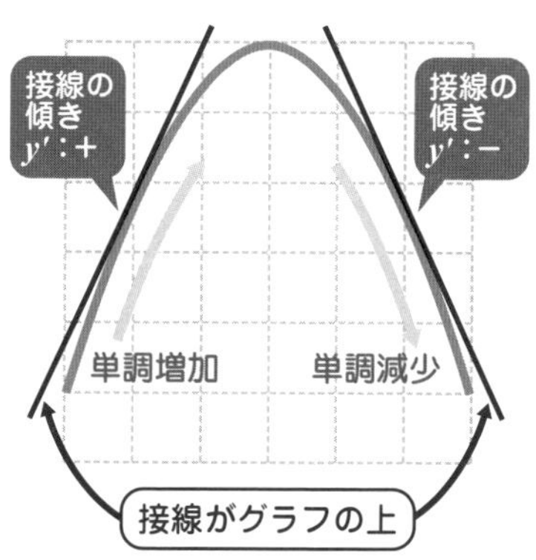

下に凸

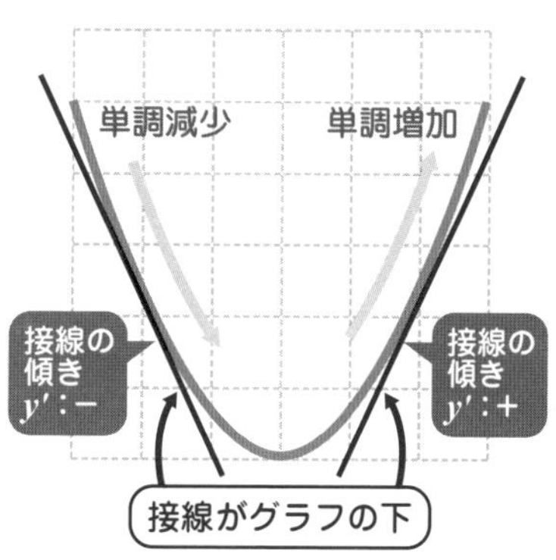

目的を考えてみよう

07 微分の目的は高校の教科書にある［その1］

教科書の微分に載っているあの表は？

ここまで、微分のイメージや身近な例を紹介して来ました。ここで、微分の目的を考えてみます。微分の目的を示すヒントが書かれてあるのが、実は教科書なのです。今、高校の教科書を持っていない方が大半だと思いますので、エッセンスをここで紹介します。

微分は高校2年生（数学II）で学習します。微分の終盤の頁をめくってみるとグラフが書いてあります。そのグラフとセットで右図にあるような表が書いてあるはずです。この表は増加を「↗」で、減少を「↘」で表した**増減表**といいます。この増減表を書くために、微分をしています。つまり、**微分の目的は増減表を書くことで増加と減少を調べることにある**のです。

もちろん増加と減少は「ひき算」をすることで求められます。しかし、複雑な「ひき算」や計算量の多い「ひき算」をするのはコンピュータがあっても避けたいものです。複雑なひき算を避けるために諸先輩方は楽な計算手段を模索していったのです。思い出してください。ひき算の効率性の先にわり算そして微分があったのです。微分がひき算やわり算と違うところは「公式」があることです。コンピュータなどで計算を「自動化」する際に、公式があると大変便利です。そのため微分の公式は計算の自動化にも活躍します。

なお、増加から減少に変化するところを**極大**、減少から増加に変化するところを**極小**といいます。次の頁では極大と極小について紹介していきます。

微分の目的を考えてみよう

増減表					
x		-1		1	
y'	+	0	−	0	+
y	↗	3	↘	-1	↗

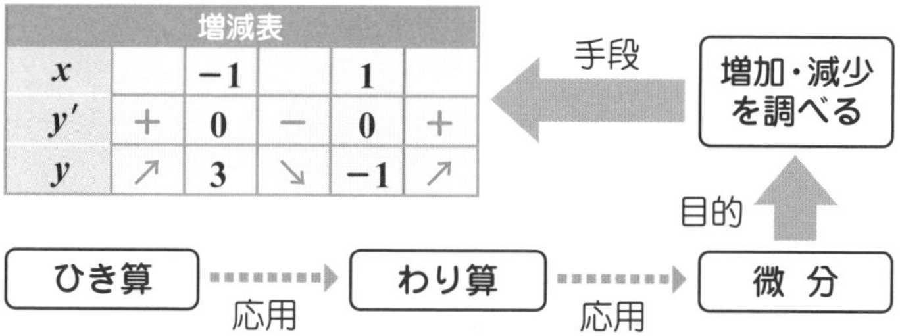

手段
増加・減少を調べる
目的

ひき算 →（応用）→ わり算 →（応用）→ 微分

増減表

x					
y'	+	0	−	0	+
y	↗		↘		↗

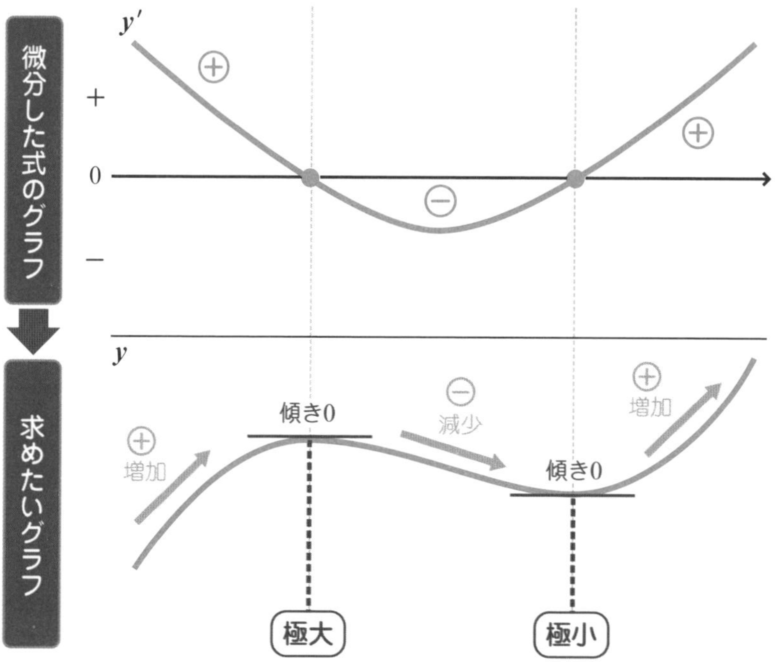

微分した式のグラフ

y'
+
0
−
⊕ ⊖ ⊕

求めたいグラフ

y
⊕ 増加
傾き0
⊖ 減少
傾き0
⊕ 増加
極大
極小

極大値、極小値

極大は増加（↗）から減少（↘）に変化するところをいいます。右頁の図で接線の傾きが＋→0→－と変化するところで、接線の傾きは0です。

一方、極小は減少（↘）から増加（↗）に変化するところをいいます。右頁の図で接線の傾きが－→0→＋と変化するところで、接線の傾きは極大と同じように0です。

極大値、**極小値**は、それぞれの近辺で一番大きい値、一番小さい値です。右頁のグラフの範囲では、傾きが0の点がそれぞれ極大値、極小値となります。

よく天気予報で高気圧や低気圧という言葉を耳にします。高気圧は周りに比べて気圧の高いところですから、気圧の極大値と考えられます。低気圧は周りに比べて気圧の低いところですから、気圧の極小値と考えられます。

変曲点

また接線の傾きが0でも極大や極小にならないことがあります。それは、接線の傾きが＋→0→＋と変化するところや－→0→－と変化するところで、**変曲点**といいます。右頁のグラフは(0, 0)を境に接線の傾きが「＋→0→＋」と変化しているので、(0, 0)が変曲点に当たります。

極大値・極小値と変曲点

極大値、極小値

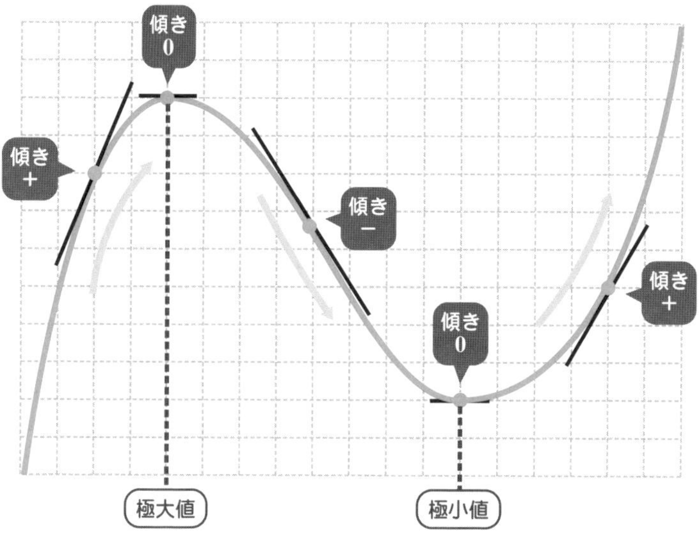

変曲点

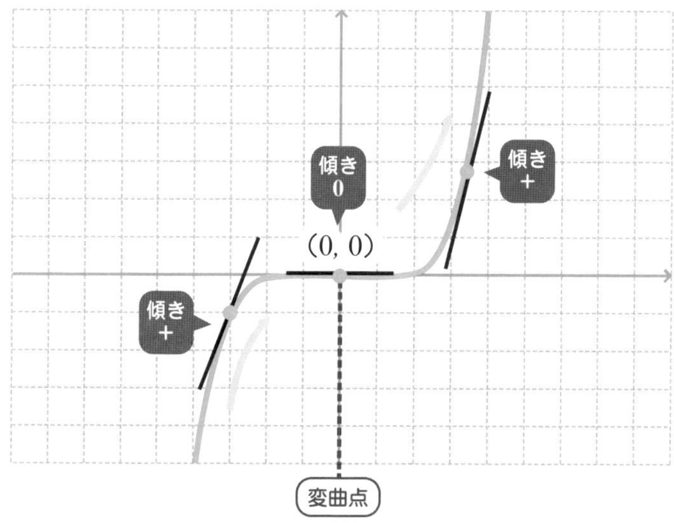

微分で求められるものが私たちの生活を豊かにする

近年話題になっているAI、機械学習の中にあるディープラーニングでは微分の知識が必須です。ディープラーニングでは、求めたい結果と実際の結果の差を照らし合わせて理想の値に近づけていきます。ディープラーニングに限らず、コンピュータは数値を扱うので求めたい結果と実際の結果の差を関数で表していきます。この差が小さければ小さいほど、理想の結果と実際の結果が近づくため良い予想となります。ディープラーニングではデータを集めて、この差を表す**損失関数**と呼ばれる関数を設定していきます。そして、損失関数が最小となる**最適解**と呼ばれる点を探すのです。

損失関数が最小になるには、グラフの最小値（極小値）を求めていけばよいので、グラフで傾きが0になる部分を求めます。この傾き0になる解（答え）を探す、一番簡単な方法こそ微分なのです。

微調整こそ微分が役立つ

例えば珈琲の微糖が好きな人がいたとします。その際、砂糖を少しずつ加えて、味見をしつつ、自分が良いなと思う味に近づけていきます。このとき砂糖を少しずつ加えて味を微小に変化させていく作業が、数学やコンピュータでは微分に当たるのです。

このコーヒーの味の微調整のように、損失関数の微分を用いて、徐々に関数の（局所的な）最小値を求める方法を**勾配降下法**といいます。なお、極小値と最小値が必ず一致するとは限りません。そのため、極小値と最小値が一致する場合を**大域的最適解**、極小値と最小値が一致しない場合を**局所的最適解**といいます

微分で求められるもの

● 損失関数

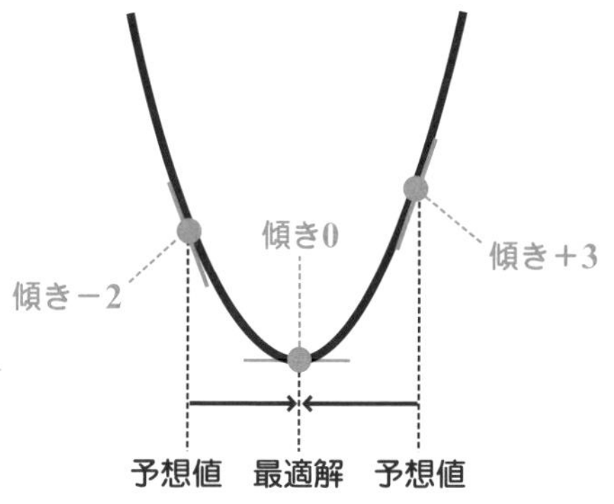

「予想値」を
最適解に近づけたい

傾きを 0 に
近づければ良い

「傾き＝0」を求める際に
微分を使う

● 日常で行う微調整

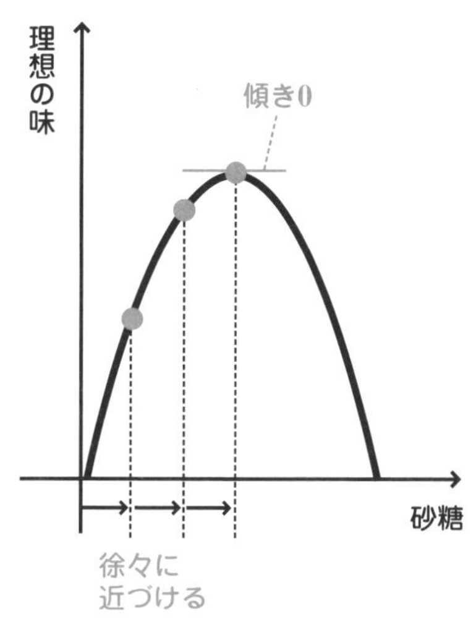

微分で増減をグラフにしてみよう！

08 微分の目的は高校の教科書にある［その2］

教科書の微分の最後に載っているのは何？

先ほど微分の目的は増減を調べることであると紹介しましたが、微分の目的はもう1つあるのでここで紹介します。

高等学校の教科書を持っている方は見てもらいたいのですが、教科書は増減を調べて終わりにはなっていません。増減を調べた後にグラフを描いているはずです。**グラフを描くことは、増減や数値を視覚化し全体のイメージを把握する際に役立ちます。**これも微分の目的の1つなのです。

増減を調べることは確かに大事です。しかし、増減表だけを見て増加や減少を理解するには、増減表を深く読み込まなくてはいけません。

私たちが数値と矢印で表される増減だけで、物事を十分理解するのは困難です。例えば右頁の数値（2000年からの日本人の人口：総務省統計局）をまとめてある表を見てください。これを見て全体のイメージをつかむのは困難ではないでしょうか。たとえ増減表を書いたとしても、増減という大切なポイントは分かりますが、何度も増減が繰り返されるため、このデータを比較して理解するのは難しいです。

そこでグラフを利用します。右頁のようにグラフを描き視覚化することによって、全体を比較することができ、理解が深まるのです。

現実社会では、式をきれいに作ることができないことも多々ありますが、そのときは点をプロットし滑らかにつないで関数に近似してから、分析していくこともあります。**グラフを描くことは、理解を深める場合や、関数を近似して考察する場合にも役立ちます。**

グラフによる視覚化も微分の目的

年	2000	2001	2002	2003	2004
人数	125,689	125,993	126,114	126,240	126,290
年	2005	2006	2007	2008	2009
人数	126,214	126,294	126,340	126,332	126,350
年	2010	2011	2012	2013	2014
人数	126,362	126,184	125,974	125,761	125,517
年	2015	2016	2017	2018	2019
人数	125,267	124,955	124,576	124,144	123,646

（各年12月の日本人の人口：総務省統計局）

増減表の作成

年		2004		2005		2007		2008		2010	
微分	+	0	−	0	+	0	−		+	0	−
増減	↗		↘		↗		↘		↗		↘

増減は分かる。しかし、増減表だけでは特徴が分かりにくい

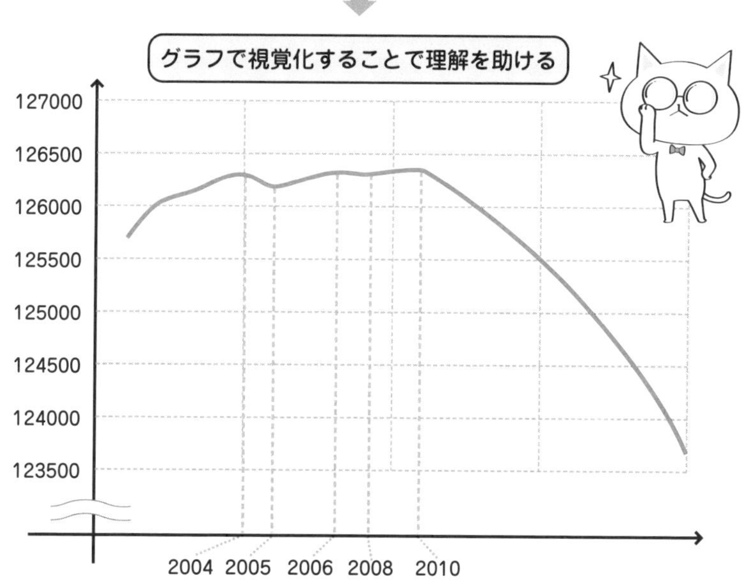

関数が描く多彩なグラフ

09 ユニークな大学入試のグラフたち

大学受験の問題では、様々な工夫を凝らしたグラフが出題されています。ここでは、そんな珠玉のグラフたちを紹介していきます。

静岡大学の世界遺産グラフ

関数$f(x)$, $g(x)$を次のように定義する。

$$f(x)=\begin{cases} x^4-x^2+6 & (|x|\leqq 1) \\ \dfrac{12}{|x|+1} & (|x|>1) \end{cases}$$

$$g(x)=\frac{1}{2}\cos(2\pi x)+\frac{7}{2}\ (|x|\leqq 2)$$

このとき、2曲線$f(x)$、$g(x)$のグラフの概形を同じ座標平面上にかけ。

信州大学の愛の方程式

$-\sqrt{5}\leqq x\leqq\sqrt{5}$ で定義される2つの関数$f(x)=\sqrt{|x|}+\sqrt{5-x^2}$、$g(x)=\sqrt{|x|}-\sqrt{5-x^2}$の概形をかけ。

秋田大学が見せる笑顔の猫

$y=9(|x|\leqq 1)$、$y=-x2+6|x|+4(1\leqq|x|\leqq 6)$、$y=\dfrac{|x|}{2^3}\ (|x|\leqq 6)$
$x^2+(y-5)^2=\dfrac{1}{4}$、$y=-\sin(\dfrac{\pi}{2}|x|)+\dfrac{9}{2}\ (2\leqq|x|\leqq 4)$、
$|y-3|=\sqrt{-\dfrac{|x|}{2}+1}$、それぞれの概形をかけ。

個性的なグラフたち

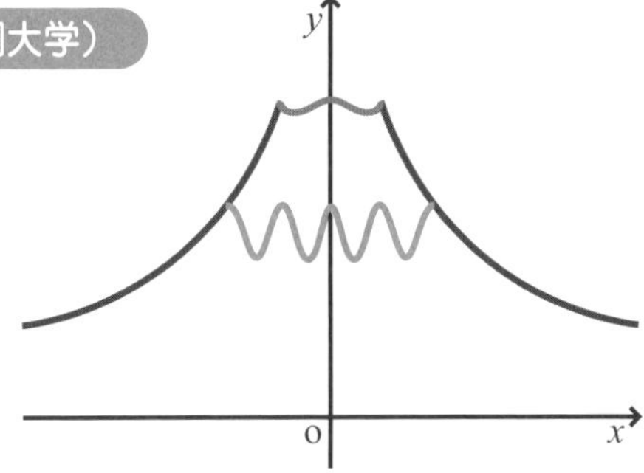

ハート（信州大学）

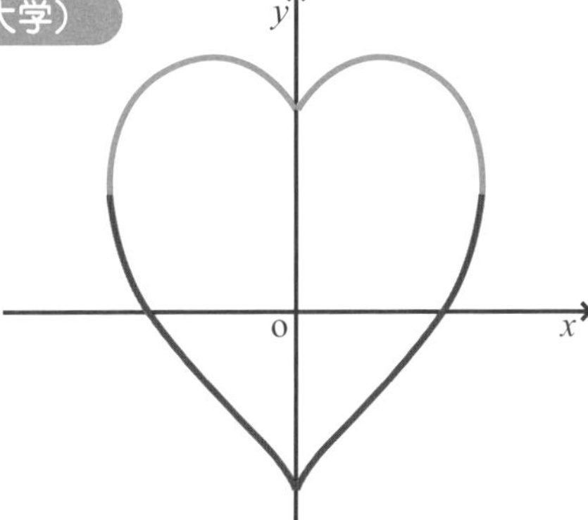

笑顔の猫（秋田大学）

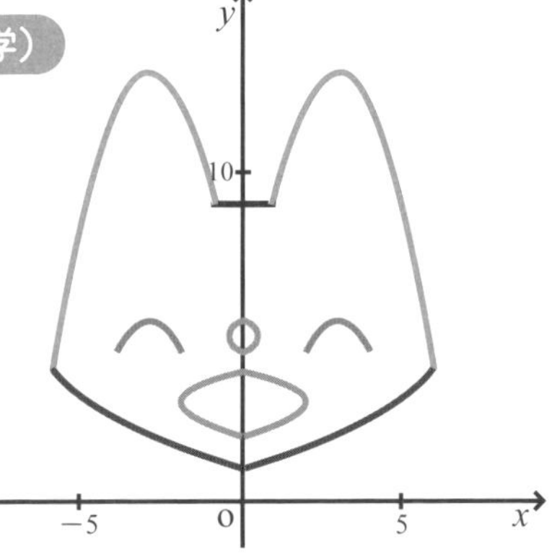

あなたの時給を How much

学生時代はアルバイトで時給がいくらなのかが関心事の1つです。しかし、就職して会社員になると月収、年収と尺度が変わり、時給があまり気にならなくなるから不思議です。この時給と年収の関係は微分積分のアイディアにつながるので、ここで少し紹介します。

労働基準法では原則として、1週間の労働時間を40時間、1日の労働時間を8時間以下にすることと定められています。

1年間は52週あり、その中に夏期休暇や年末年始休暇があるため、だいたい1年間で50週、40×50＝2000時間ほど労働します。ここから、時給を2,000倍すれば年収に、年収を2,000で割れば時給ととらえることができます。この考え方で計算する場合は、年収を5倍して「万」を省くと時給になります。例えば…

です。この時給を使って通勤時間を考えてみましょう。例えば、自宅から職場まで片道通勤に1時間、往復で2時間かかるとします。

1か月で20日出勤する場合、通勤時間に2×20＝40時間かかります。年収300万円（時給1,500円）の人の場合、1か月で通勤時のコストは1500×40＝60,000＝6万円となります。このコストを考えると、現在住んでいるところを引っ越して、数万円高くても職場の近くに住む（職住近接）ほうが仕事をするうえで良いかもしれません。

年収を時給に換算（わり算）、時給を通勤コスト（かけ算）にするように、わり算を使って細かくして分析し、かけ算を使って復元するアイディアは、微分積分にもつながっていくので、この考え方をぜひ覚えておいてください。

第3章

積分の本質はかけ算

かけ算がわかれば積分は理解できる！

01 面積から積分のイメージをつかもう

積分は面積を出すこと

高校生の頃、**積分は「面積」を求めるためのツール**と学んだ人が多いと思います。もちろん正解ですが、積分と面積の関係を踏まえた上で、積分を別の角度から見ていきましょう。面積は、小学2年生でかけ算や九九を学んだ後に、かけ算の応用（実例）として学習しました。ここで様々な図形の面積公式を思い浮かべてみると…

四角形の面積は「縦×横」、平行四辺形の面積は「底辺×高さ」
三角形の面積は「底辺×高さ÷2」
台形の面積は「（上底＋下底）×高さ÷2」

などがあると思います。**これらの面積公式に共通するのは「かけ算」です。**P.14でかけ算は面積で考えることができると紹介しましたが、逆に面積をかけ算に直して考えることもできます。ここまでの事項をまとめると**「積分」は「かけ算」**と考えることができます。

かけ算をなぜ積分という？

では、なぜ「かけ算」をわざわざ「積分」というのでしょうか？　それはかける数が0.0000000000000000······1のように、ほとんど0に近い微小な数だからです。これによって複雑な形の面積を求められることから、区別して「積分」といわれているのです。

面積公式からわかる積分の本質

● 小学校で学習した面積公式から積分へ

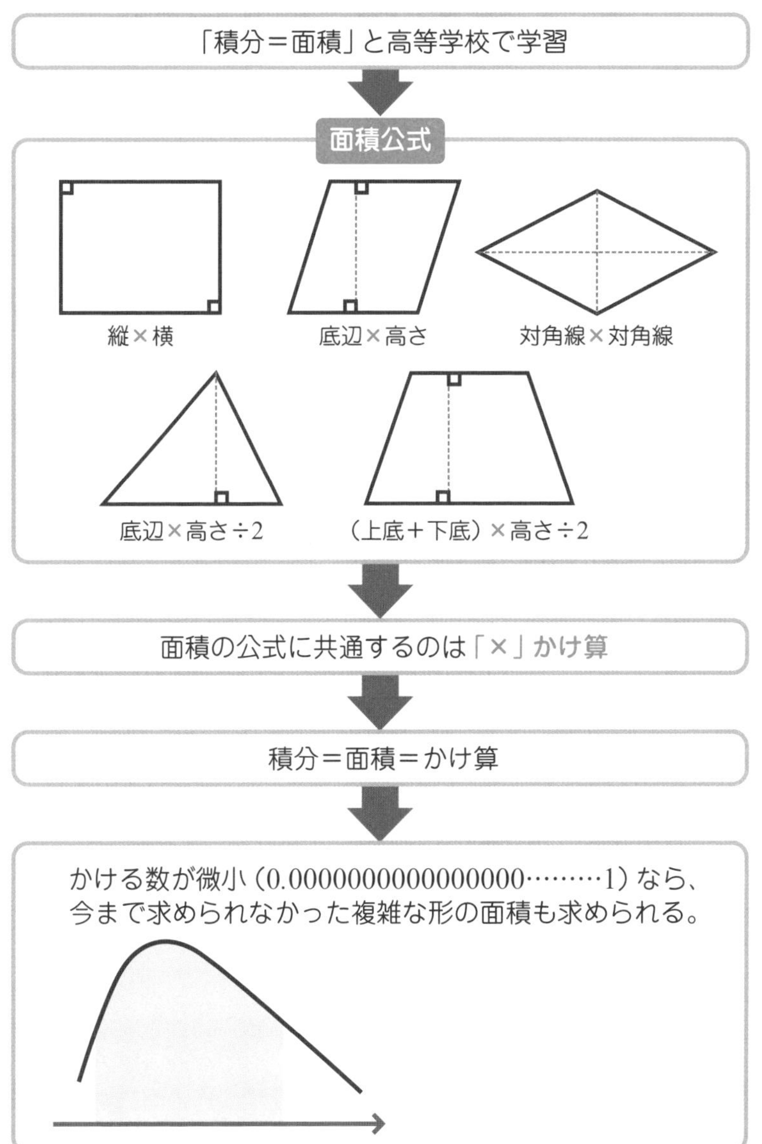

積分のイメージと求められるものを知ろう

積分で面積が求まる。積分はかける数が0.000000000…1のように0に近い微小な数のかけ算と紹介しました。微分と同じようにほとんど0のような微小な数をかけることに何の意味があるのか？　という疑問があると思います。

例えば右図のような面積は小学校で学習した公式で求められるでしょうか？　答えは求められません。なぜなら小学校で学習した面積の公式は長方形であれ、三角形であれ、平行四辺形であれ、台形であれ、直線で作られたものしか求められないからです。しかし、裏を返せばこれらの図形は、**直線のように細かく分割すれば面積を求めることができるのです。**

複雑な図形も問題なし！

コピー用紙の束、トイレットペーパーを思い浮べて下さい。コピー用紙１枚もトイレットペーパーも薄い紙のはずですが、大量に集めることでコピー用紙は直方体に、トイレットペーパーは中が空洞な円柱（中空円柱）になります。**この集める行為こそ、数学では積分になるのです。**面積の公式で求めることができない複雑な図形でも、細かく分けると１つ１つは直線です。その直線の面積をそれぞれ求め、たし合わせること、集めることで面積を求めることができます。

この「**細かく分けて、面積を求めやすい形にして、細かく分けたものを合計して全体の面積を求めること**」が、積分を理解する上で重要なイメージとなります。座標平面のアイデアを考案したデカルトは「困難は分割せよ」といいました。求めることが難しい面積問題も分割していくことで、私たちが小学生のときに学習した面積公式で求められる図形にすることができます。

面積も「困難は分割せよ」

どんな面積も分割すれば長方形に

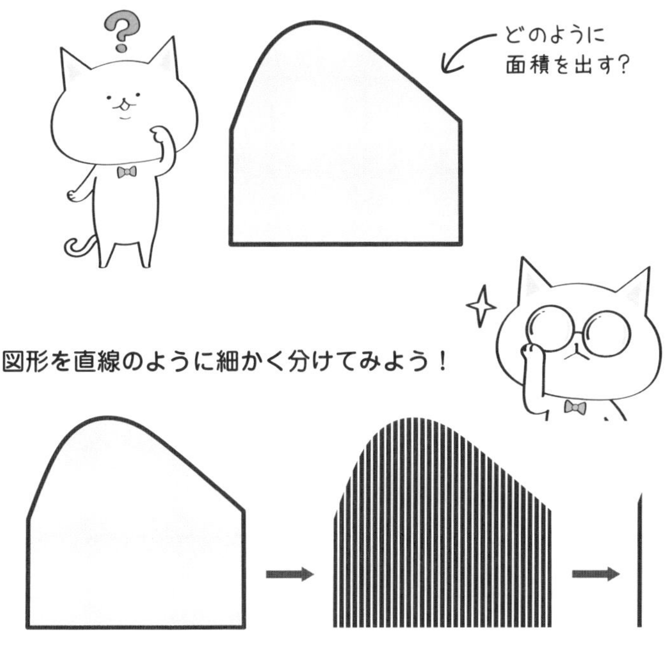

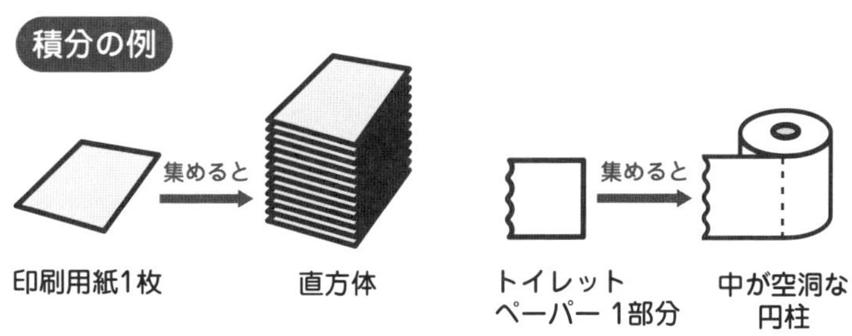

なぜ反対といわれている？

02 微分と積分が逆の理由を探る

なぜ「微分は積分の反対」といわれている？

高等学校の積分を学習するとき「微分は積分の反対」と習います。同様に「微分は積分の反対」となるのですが、微分と積分の学習を進めていくとある疑問がわいていきます。

微分は接線の傾きを求めること。積分は面積を求めること
「接線の傾き」を求めることの反対が「面積」を求めること？
「面積」を求めることの反対が「接線の傾き」を求めること？

これをイメージするのは困難だと思います。そのため、微分積分の根本に立ち返ってみましょう。

微分と積分の本質を見てみよう

右頁の図のように、微分は接線の傾きを求める際に「わり算」を行い、積分は面積を求める際に「かけ算」を行っています。つまり、「接線の傾き」と「面積」を求める際に行う、「わり算」と「かけ算」の関係が反対なのです。この「わり算」と「かけ算」の関係が「微分と積分は反対」につながっているのです。

「接線の傾き」や「面積」は、微分と積分の1例を取り挙げているだけで、これから微分と積分が反対をイメージすることは困難です。根本に立ち返ると微分・積分は小学生で学習したわり算・かけ算を考えているだけなのです。

接線の傾き（微分）と面積（積分）が逆？

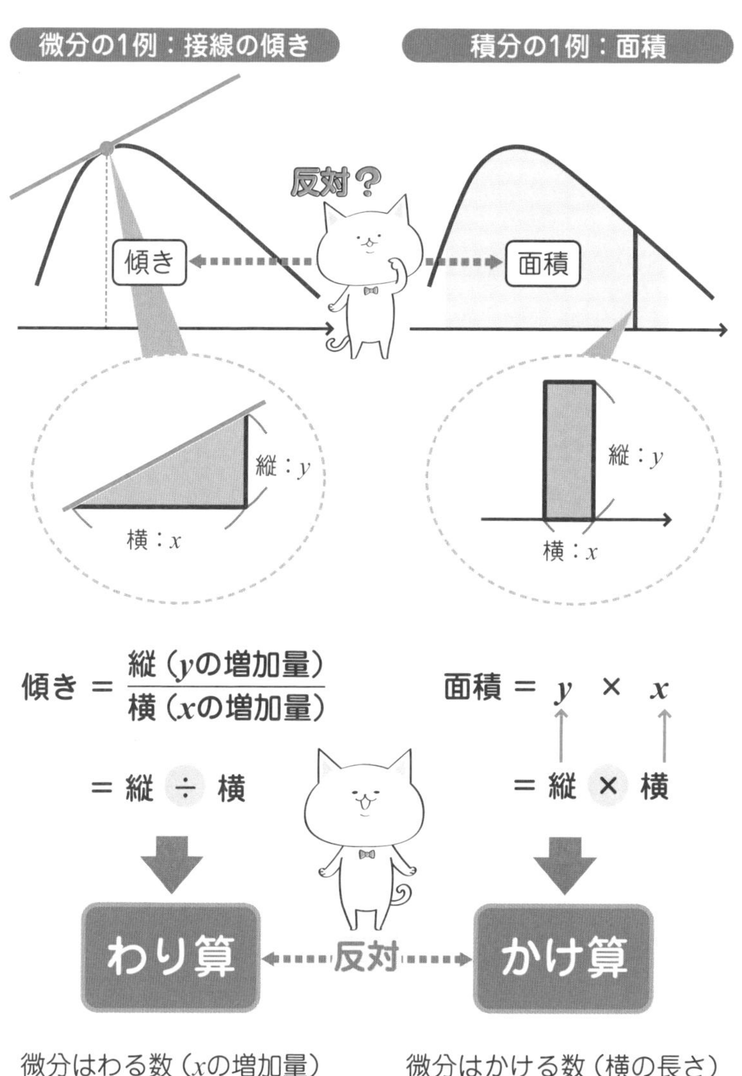

微分はわる数（xの増加量）が0.000…1のわり算

微分はかける数（横の長さ）が0.000…1のかけ算

ビジュアルで理解しよう！

03 積分すると面積になる理由

「$y=2$」の積分は？

積分とは面積を求めることであると説明しましたが、言葉だけではイメージできないと思います。そこで、実際にグラフから面積を求めることで積分をビジュアルで理解していきましょう。

まずは$y=2$とx軸で囲まれる部分の面積をグラフから求めることで、$y=2$の積分を求めてみましょう。

右頁のグラフのように直線「$y=2$」と、「x軸」が「0〜1」、「0〜2」、「0〜3」の範囲で囲まれる部分の面積を求めていくと

- $x=1$ **のとき、面積は** $2\times1=2$
- $x=2$ **のとき、面積は** $2\times2=4$
- $x=3$ **のとき、面積は** $2\times3=6$

です。ここで、右頁の図のように直線「$y=2$」と「x軸」を「0〜x」の範囲で囲まれる部分の面積を考えると

横の長さがx、縦の長さが2となるので、面積は$x\times2=2x$

となります。「$y=2$」を積分した「$y=2x$」のグラフを描き、$x=1$、$x=2$、$x=3$のy座標に着目すると、$y=2$、$y=4$、$y=6$となります。これは、先ほど求めた「0〜1」、「0〜2」、「0〜3」の範囲で囲まれる部分の面積と一致しています。

積分が面積になる理由をビジュアルで理解しよう①

●「$y=2$」の積分が「$y=2x$」

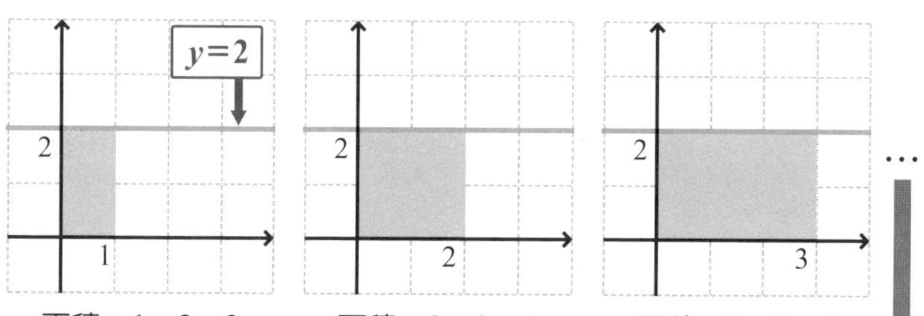

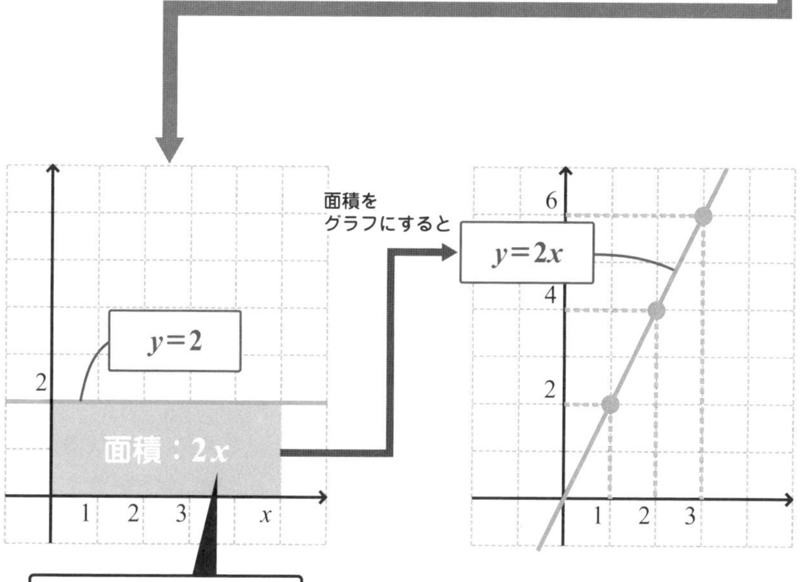

「$y=2x$」の積分は？

同様に、直線「$y=2x$」と「x軸」を「0 ～1」、「0 ～2」、「0 ～3」の範囲で囲まれる部分の面積を求めていくと

- $x=1$ **のとき、面積は** $\frac{1}{2}\times 1\times 2=1$
- $x=2$ **のとき、面積は** $\frac{1}{2}\times 2\times 4=4$
- $x=3$ **のとき、面積は** $\frac{1}{2}\times 3\times 6=9$

です。ここで、右頁の図のように直線「$y=2x$」と「x軸」を「0 ～ x」の範囲で囲まれる部分の面積を考えると

底辺がx、高さが$2x$の三角形となるので、面積は
$\frac{1}{2}\times x\times 2x=x^2$

となります。「$y=2x$」を積分した「$y=x^2$」のグラフを描き、$x=1$、$x=2$、$x=3$のy座標に着目すると、$y=1$、$y=4$、$y=9$となります。これは、先ほど求めた「0 ～ 1」、「0 ～ 2」、「0 ～ 3」の範囲で囲まれる部分の面積と一致しています。

このように四角形や三角形の面積は、公式で求めることができます。しかし、「$y=x^2$」のようにさらに複雑なグラフの面積を求める場合はどのように計算すればよいのでしょうか？　次頁では$y=x^2$のグラフの面積の求め方を解説していきます。

積分が面積になる理由をビジュアルで理解しよう②

● 「$y=2x$」の積分が「$y=x^2$」

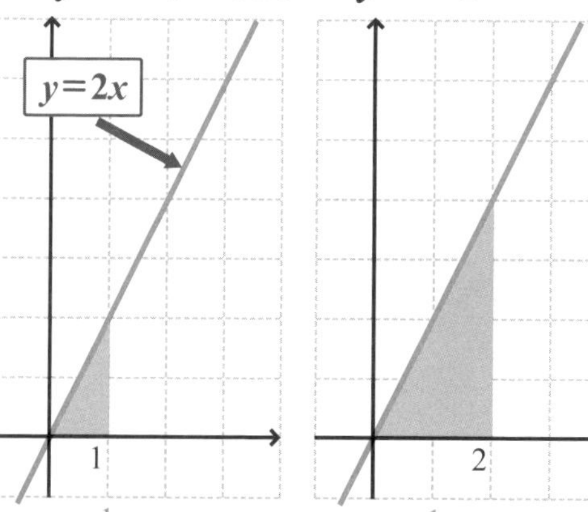

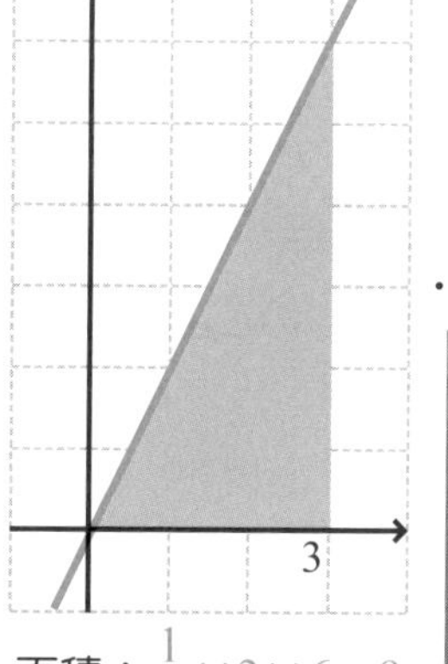

x軸の範囲を「0〜x」とすると

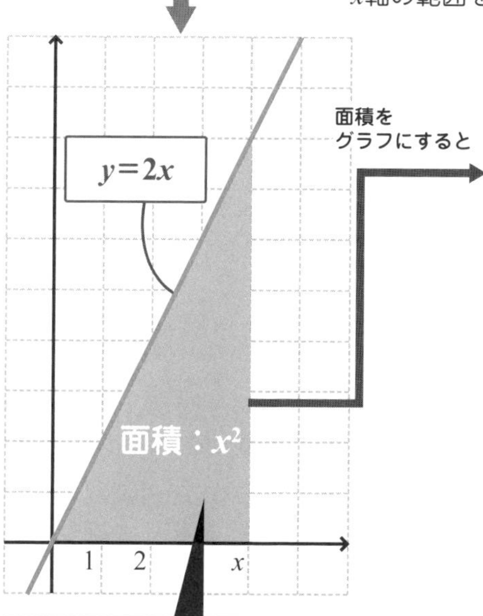

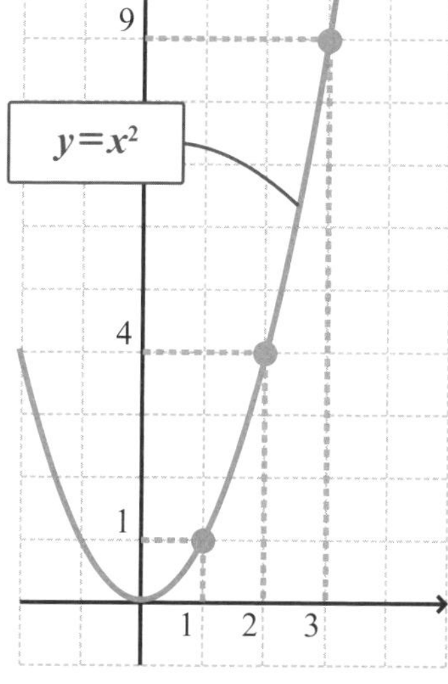

第3章

「$y=x^2$」の積分は？（前編）

前頁で「$y=2$」の積分は長方形の面積公式を利用して「$y=2x$」、「$y=2x$」の積分は三角形の面積公式を利用して「$y=x^2$」となることを紹介しました。「$y=x^2$」の積分は、長方形や三角形の面積公式を活用して求めることができないので、別の方法で求めてみましょう。

まず右頁の図のように、x軸と$y=x^2$の間の長さは「x^2」となります。この長さ「x^2」の線に、限りなく0に近い横幅dxをつけて取り出します。すると取り出した線（長方形）は、縦の長さ（高さ）がx^2、横の長さ（幅）がdx、となるので面積は、

縦×横＝$x^2 \times dx = x^2dx$ …①

となります。

この結果を活用したいので、かけ算をして「x^2dx」となる別のものを探してみます。例えば、縦と横の長さがxの正方形の紙を考えてみましょう。この正方形の表面の面積は、「縦×横＝$x \times x = x^2$」です。正方形の紙は、わずかな幅があります。このわずかな幅を高さと考えると、高さは0に近いほど薄いので、dxと考えられます。

すると縦、横の長さがx、高さがdxの直方体となるので、体積は

縦×横×高さ＝$x \times x \times dx = x^2dx$ …②

となります。

①と②が一致しているので、$y=x^2$の0からxまでの面積（積分）を求めるには、「縦の長さ（高さ）がx^2、横の長さ（幅）がdxの長方形の面積」を「縦、横の長さがx、高さdxの直方体の体積」と考えればよいことが分かります。

$y = x^2$を分割して考えると

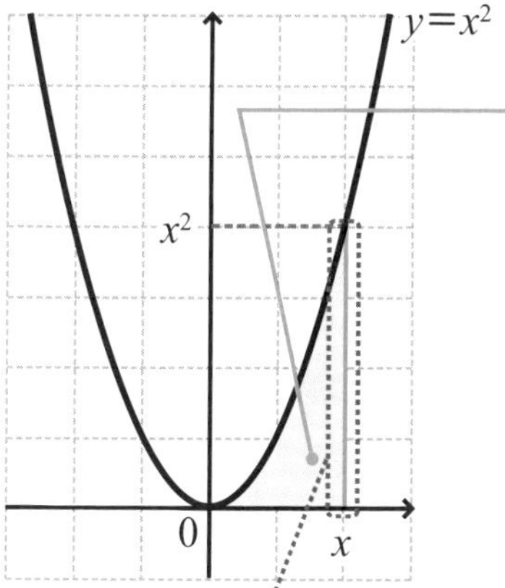

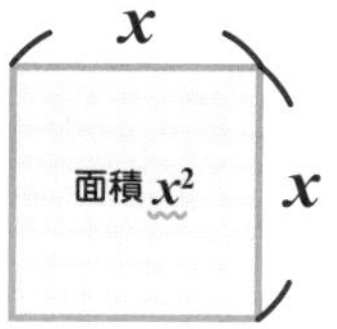

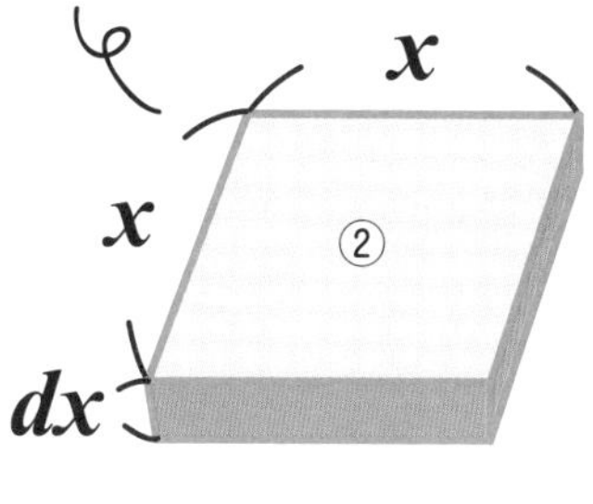

① 面積：$x^2 \times dx$
$= x^2dx$

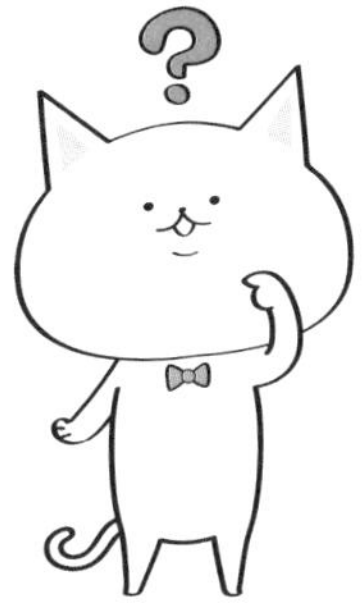

答えは同じ

② 体積：$x \times x \times dx$
$= x^2dx$

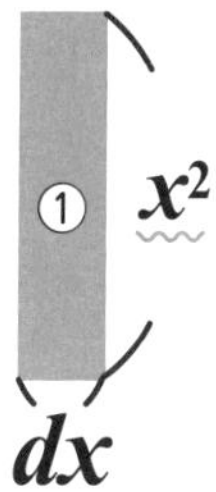

①の面積は②の体積と同じ

第3章

「$y=x^2$」の積分は？（後編）

$y=x^2$を0からxまで積分した結果を求めていきましょう。そのために、「縦の長さx^2、横の長さdxの長方形の面積」と計算結果が同じになる「縦、横の長さがx、高さdxの直方体の体積」に置き換えて考えていきます。

ここで、直方体をざっくり荒く積み上げていったイメージは右頁の図となります。dx は限りなく0に近い高さ（幅）なので、ざっくりではなく、すき間なく細かく積み上げていくと正四角錐となります。

この正四角錐は縦、横の長さと高さがxとなるので、体積は

$$縦×横×高さ×\frac{1}{3}=x×x×x×\frac{1}{3}=\frac{x^3}{3}$$

です。ここで本題に戻ると、元々は、$y=x^2$を0からxまで積分した結果を求めるのが目的でした。この結果が、縦、横、高さの長さの正四角錐の体積と同じになるので、以下のように求まります。

x^2を0からxまで積分 ➡ $\frac{x^3}{3}$
＝長さxの正四角錐の体積

微分積分の関係を確かめる

ここまでの結果をまとめると

$$2 \xrightarrow{積分} 2x \xrightarrow{積分} x^2 \xrightarrow{積分} \frac{1}{3}x^3$$

（逆向きの矢印：微分）

となりますが、矢印の向きを反対にすると微分です。このように地道に1つ1つ計算することでも、微分と積分が逆の関係にあることを確かめることができます。

チリも紙も積もれば山となる

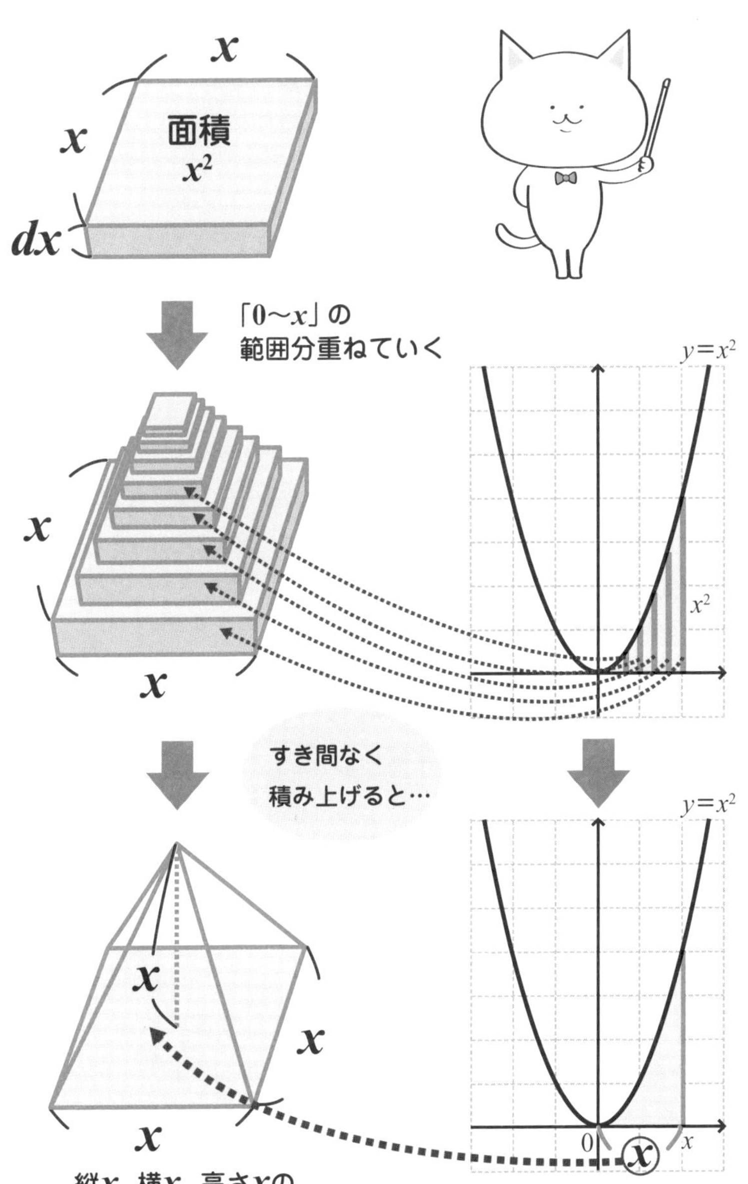

小学生のときと逆の理由は？

04 なぜ微分→積分の順に学習するのか

小学校ではかけ算→わり算の順で学習するのに…

微分の本質はわり算、積分の本質はかけ算と紹介してきましたが、ここで１つの疑問が湧きます。

小学校ではかけ算を学んだ後、わり算を学習します。微分積分も積分（かけ算）を先に学習して、微分（わり算）を後に学習する方がイメージしやすいはずです。**なぜ現代では微分（わり算）を学習した後、積分（かけ算）を学習するという、小学校で学習する順序と逆なのでしょうか？**

微分積分のそれぞれの歩みとニュートン

もともと微分と積分は別の学問として研究・発展していきました。微分は主に接線の傾きを求めるツールとして、積分は主に面積を求めるツールとして用いられていたのです。歴史としては積分（かけ算）が先に研究・発展していき、微分（わり算）が後です。当初は微分と積分には関係があるとは考えられていませんでした。

しかし、古代の面積計算つまり積分の計算には問題がありました。古代ギリシャやエジプトでは**取りつくし法**と呼ばれる手法で面積を求めていましたが、現在の積分計算と比べてはるかに大変だったのです。そこにニュートンが、微分と積分の関係は逆であることを突き止めます。ニュートンの功績によって、**積分の計算は微分の計算の逆をすればよいという劇的な簡素化につながります。**私たちが、微分を先に学習する理由は、積分計算が楽になるという背景があったのです。

微分から積分の順で学習する理由

小学校で学習する順番

× かけ算  ÷ わり算

微分積分を学習する順番

′ 微分 ＝ かけ算  ∫ 積分 ＝ わり算

小学校で学習する順序と逆なのはナゼだろう?

古代ギリシャやエジプトでは

積分で 取りつくし法 を利用

計算が大変

微分と積分って逆の関係では?

微分の計算の逆を行うことで積分の計算が楽になった!!

実際に取りつくし法をしてみよう！

取りつくし法とは図形の面積や体積を求める方法で、求めたい図形に三角形を順次内接させて、図形の面積に近づけていく方法です。例えば右頁の放物線の面積を取りつくし法で求めてみましょう。

①のように放物線とy軸との交点をA、放物線とx軸との交点をBとします。まず放物線の内側に面積が最大になるように三角形を書き、切り取っていきます。この場合は②のように三角形OABが切り取られます。

次に直線ABと放物線で囲まれる部分に面積が最大になるように三角形を作ります。この場合は、③のように直線ABに平行で放物線と接するように直線を引くと三角形の面積が最大になります。このときの直線は接線となるので、接点をCとします。そして、三角形ABCも切り取ります。

今までと同様に直線ACに平行で放物線に接するように直線を引き接点をDとして、三角形ACDを切り取ります。また、直線CBに平行で放物線に接するように直線を引き接点をEとして、三角形CBEを切り取ったものが④となります。④の段階で取りつくした三角形が放物線の面積に近似されていくのが分かるのではないでしょうか。この方法を何度も繰り返し行い、三角形をたしていくことで、放物線の面積を求めていくのです。

ニュートンの発想で面積計算が簡単に

実際に取りつくし法で面積を求めてみると、1つ1つの三角形の面積を求めながら、さらにそれらをたしていく、という積分計算（面積計算）の大変さを実感できます。

この大変な積分の計算が「微分と積分が反対の関係」を使うことで、とても簡単になったのです（具体的な計算については、P105で紹介します）。

取りつくし法

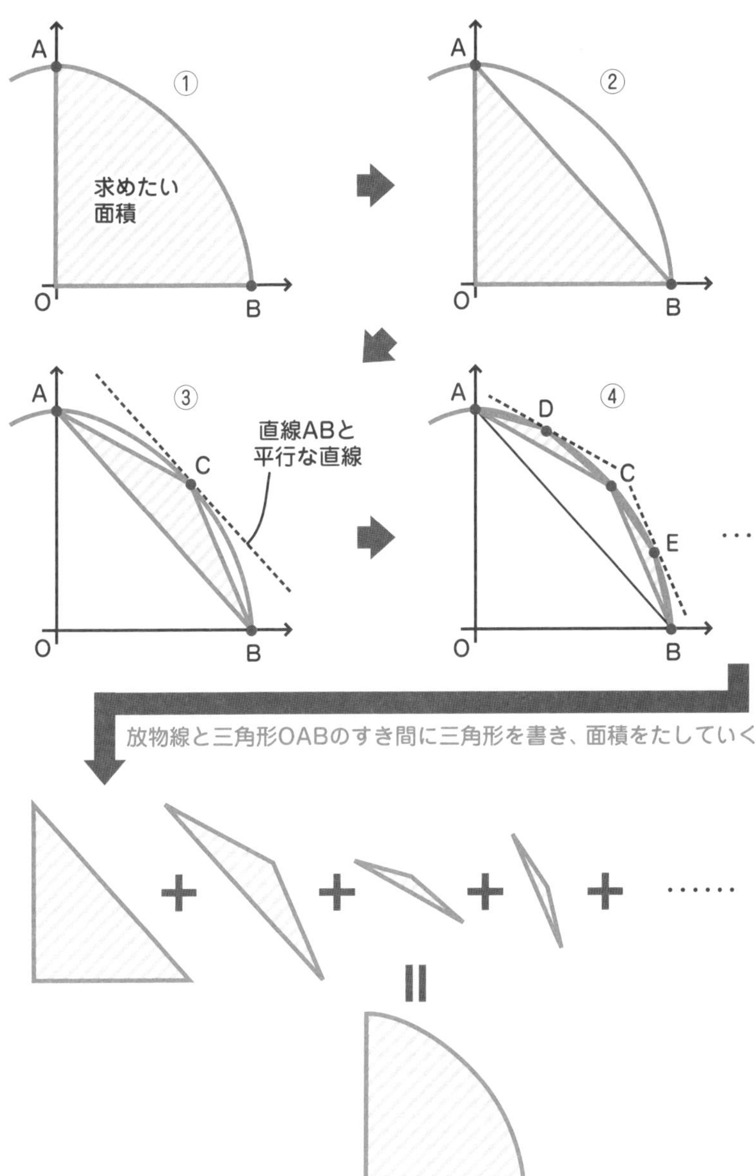

A
①
求めたい
面積
O
B
A
②
O
B
A
③
C
直線ABと
平行な直線
O
B
A
D
④
C
E
…
O
B
放物線と三角形OABのすき間に三角形を書き、面積をたしていく
+
+
+
+
……

「微分の逆が積分」の落とし穴！

05 答えは無数にある？ 不定積分の不思議

ニュートンの功績で積分してみよう

それでは、**微分の逆が積分である**というニュートンの功績を使って、積分計算をしていきましょう。その前に、微分の復習をしましょう。

$y=x^{\square}$の微分は$y'=\square x^{\square-1}$という公式がありました。この公式を使うと、$y=x^2$の微分は$y'=2x$となるので、$2x$の積分はx^2です。

$y=\frac{1}{3}x^3$の微分は$y'=x^2$となるので、x^2の積分は$\frac{1}{3}x^3$です。このように、あっという間に積分できるようにしたのがニュートンでした。これで、一件落着となりそうなのですが、問題が1つだけあります。

積分した結果が無数にある

先ほど$y=x^2$の微分は$y'=2x$と復習しました。では、$y=x^2+1$の微分や、$y=x^2+2$の微分もしてみてください。どちらも、$y'=2x$となります。微分は、接線の傾きですから、$y=x^2$、$y=x^2+1$、$y=x^2+2$のどれも地点xにおける接線の傾きは同じになりますね。積分は微分の逆ですから、$2x$の積分はx^2でもx^2+1でもx^2+2でも、x^2+数字の形であれば何でも正解になります。つまり積分した答えが無数にあるのです。

そこで、この無数にある数字の部分をまとめてCと表します。Cは**積分定数**といい、定数を表すConstantの頭文字をとっています。このように無数にある積分を**不定積分**といいます。このCを使うことで、$2x$の積分は$x^2+\mathrm{C}$、x^2の積分は$\frac{1}{3}x^3+\mathrm{C}$と表すことができます。

ニュートンの功績

しかし
ここで1つの問題が

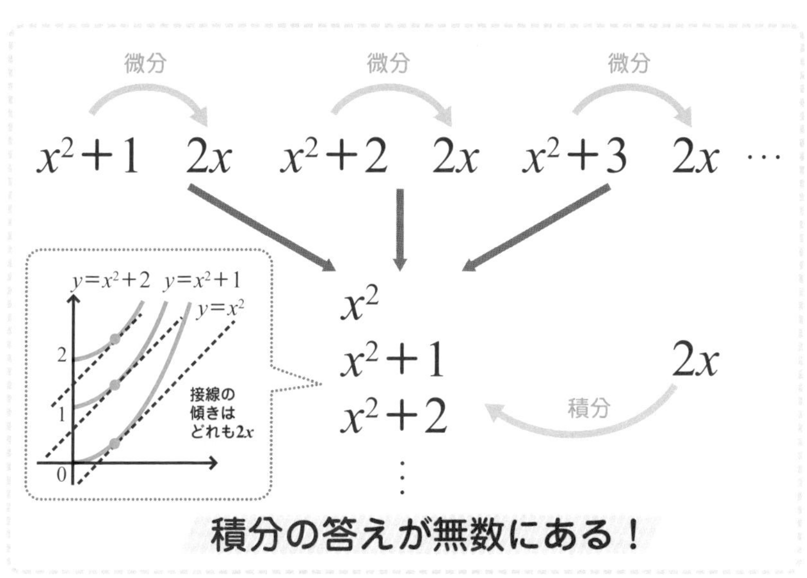

そこで
変数（x）以外を
まとめて＋Cとする

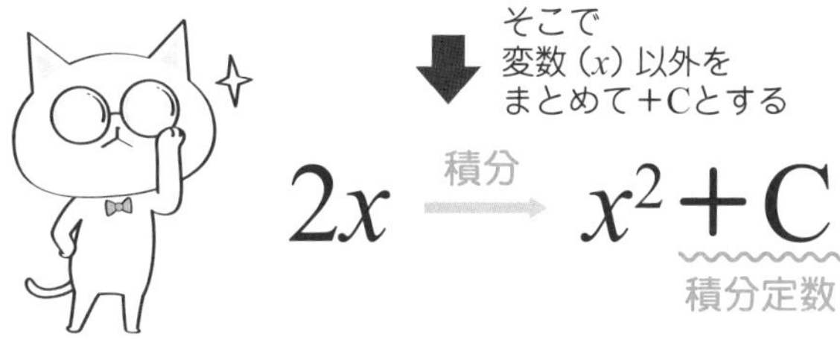

第3章

積分記号の由来に積分の本質が！

微分には「′（ダッシュ）」という記号がありました。このような記号は積分にもあり「$\int$」と書き**インテグラル（integral）**と読みます。この記号はドイツの数学者で哲学者のライプニッツによって考案されました。ラテン語で合計を表すsummaの頭文字である長いs「ſ」が記号の由来です。

私たちが何かを合計（summa）するときにはたし算を使います。たし算の応用がかけ算であり、かけ算の応用が積分ですから、**積分も原点に戻っていくとたし算、つまり合計に行きつきます。**そう考えると、合計を表すラテン語の長いs「ſ」が、積分記号「$\int$」の由来になっているのも納得できます。積分記号に、先人が積分の本質を込めたと考えると感慨深いです。

積分記号を使ってみよう

前頁で、$2x$の積分は$x^2+\mathrm{C}$、x^2の積分は$\frac{1}{3}x^3+\mathrm{C}$という結果を求めました。これを記号にすると、

$$\int 2x\,dx = x^2+\mathrm{C}、\int x^2\,dx = \frac{1}{3}x^3+\mathrm{C}$$

と表すことができます。$\int 2x\,dx$は、かけ算を補うと$\int 2x \times dx$で、縦の長さ「$2x$」、横の長さ「dx」の長方形の面積を合計する「$\int$」という意味です。

なお積分にも微分と同じように公式があり、

$$\int x^{\square}dx = \frac{1}{\square+1}x^{\square+1}+\mathrm{C}$$

となります。次頁ではこの公式を使って、実際に積分計算を行っていきます。

積分の記号

● 積分記号の由来

● 積分記号で表すと

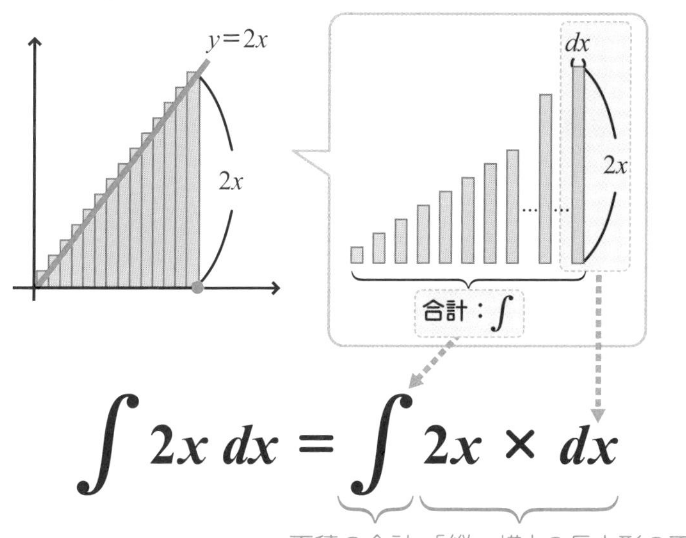

$$\int 2x\,dx = \int 2x \times dx$$

面積の合計　「縦×横」の長方形の面積

不定積分の公式を使ってみよう

それでは前頁でご紹介した不定積分の公式を使って実際に積分計算を行ってみましょう。

まず$y=x^2$の積分を計算すると右頁の①となります（Cは、1、2、3のような定数なので微分すると0となります）。

次に$y=x^4$の積分を計算すると答えは右頁の②となります。

なお積分は微分の逆なので、積分した後に微分することで検算もできます。

$$x^2 \xrightarrow[\text{微分}]{\text{積分}} \frac{1}{3}x^3+C \qquad x^4 \xrightarrow[\text{微分}]{\text{積分}} \frac{1}{5}x^5+C$$

1の積分の計算方法は？

①、②のように不定積分の公式に直接代入できるものはスムーズに計算できます。しかし、1の不定積分「$\int 1dx$」などは、少し戸惑うのではないでしょうか。そこで違った考え方を2つご紹介します。

1つ目は、不定積分の公式を使うのではなく「積分は微分の逆」を利用します。微分して「1」になるものは「x」です。そのため、「$\int 1dx = x+C$」と、不定積分の公式を使わず積分できます。このように「1」の積分は「x」になることを抑えておくと、計算が楽になります。

2つ目は1を工夫して「$x^{\square}$」の形にする方法で、1は「x^0」（$\square^0$は□にどんな数字が入っても1のため）と表すことができます。$1=x^0$を使い右頁のように計算を行うと、「$x+C$」という③の答えが出ます。

$$1 \xrightarrow[\text{微分}]{\text{積分}} x+C$$

公式を使って積分を計算してみよう！

積分公式

$y=x^{\square}$を積分すると

$$\int x^{\square}\,dx = \frac{1}{\square+1}x^{\square+1} + C$$ （Cは積分定数）

公式を使って計算すると

$y=x^2$を積分すると

$$\int x^2\,dx = \frac{1}{2+1}x^{2+1} + C$$

$$= \frac{1}{3}x^3 + C \quad \cdots ①$$

$y=x^4$を積分すると

$$\int x^4\,dx = \frac{1}{4+1}x^{4+1} + C$$

$$= \frac{1}{5}x^5 + C \quad \cdots ②$$

$y=1$を積分すると

$$\int 1dx = \int x^0 dx = \frac{1}{0+1}x^{0+1} + C$$

$$= \quad x + C \quad \cdots ③$$

微分積分の意味は単語と記号にも示されている

微分積分の記号の種類と意味を知ろう！

本書では一貫して

たし算 —応用→ **かけ算** —応用→ **積分**

ひき算 —応用→ **わり算** —応用→ **微分**

と、紹介してきました。この関係は、微分と積分の単語にも隠れています。先ほど「$\int$」は、ラテン語で合計を表すsumma、英語ではsummationの頭文字のsから来ているため、「$\int$」にはたし算の意味、そして「$\int xdx$」の「x」と「dx」の間にかけ算が省略されていることを紹介しました。

微分にも単語と記号の意味が隠れています。微分は英語でdifferential、ひき算した結果を表す「差」はdifferenceと語源が同じですから、微分の英単語に「ひき算」の意味が込められているのです。

続いて微分の記号に移りますが、微分は積分と違い記号が3種類あり、考案したのはニュートン、ラグランジュ、ライプニッツの3人です。

ニュートンによる微分記号は、「・（ドット）」を用いた書き方❶、ラグランジュによる微分記号は、「′（ダッシュ）」を用いた書き方❷、ライプニッツによる微分記号「$\frac{d}{dx}$」を用いた書き方❸です。

ニュートンの書き方は、距離・速度・加速度の関係を記号で表す際に使われるので実用性を、ラグランジュの記号は書きやすさを実現しています。この２人の記号に対してライプニッツの記号は、どの文字で微分するのか、何を代入するのか分かりやすく、また微分はわり算（分数の形）であることを記号で示しています。つまり、微分の意味をライプニッツは記号で伝えているのです。

❶ニュートンによる微分記号「・（ドット）」

❷ラグランジュによる微分記号「'（ダッシュ）」

❸ライプニッツによる微分記号「$\frac{d}{dx}$」

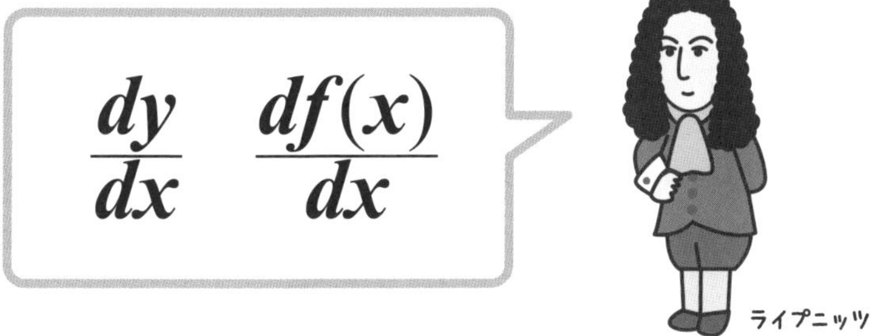

定積分は面積で理解しよう！

06 答えが1つに決まる定積分と面積

面積で定積分を考えてみよう！

前頁までで不定積分の計算を紹介しましたが、不定積分は答えが無数にありました。積分を様々な場面で利用するためには、範囲を指定して答えを1つにする必要があります。不定積分に対して、範囲を指定して具体的に1つの答えを求める積分を**定積分**といいます。

$y=2x$を$x=1$から$x=2$まで積分する場合を記号にすると

$$\int_1^2 2x\,dx$$

となります。前頁で$2x$を積分した場合x^2+Cとなることを紹介しましたが、範囲が指定されている定積分の場合は答えが1つに定まるので$+C$は必要ありません。また積分した結果に$x=1$と$x=2$を代入するため、次のように大かっこ[ ]で囲んで書くことが多いです。

$$\int_1^2 2x\,dx=\left[x^2\right]_1^2$$

定積分は右頁の図のように面積を求めることに対応します。$y=2x$を$x=1$から$x=2$まで積分する場合、右頁の大きい三角形①から小さい三角形②をひくことで、面積を求めることができます。

$$\int_1^2 2x\,dx=\left[x^2\right]_1^2=2^2-1^2=4-1=3$$

2^2：$x=2$を代入した値　1^2：$x=1$を代入した値

定積分を面積に対応させると

● **式と図でそれぞれ表すと**

図で表すと

$$\int_1^2 2x\,dx$$

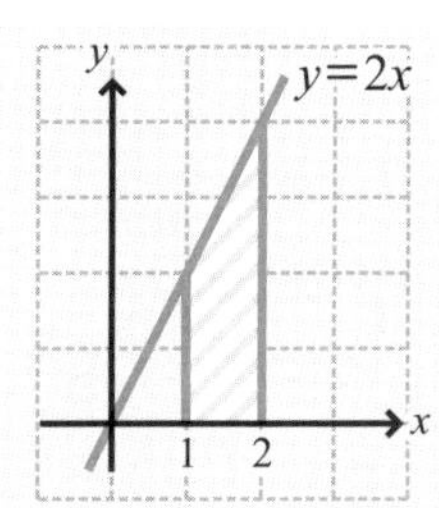

● **定積分を面積に対応させると**

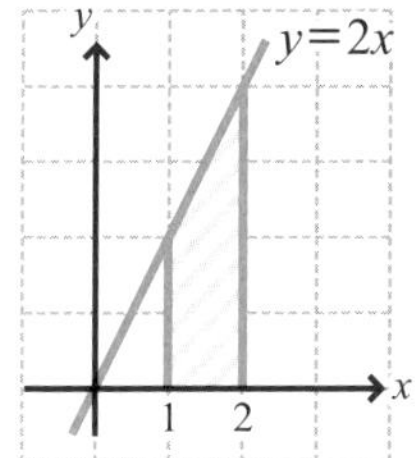

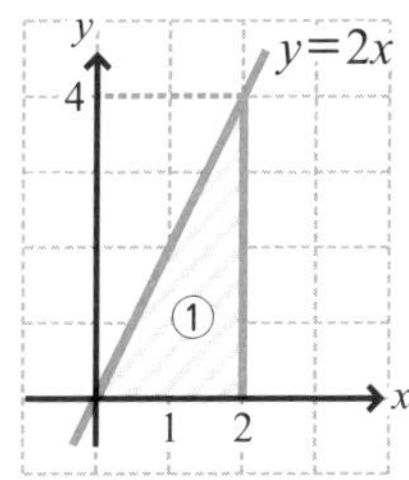

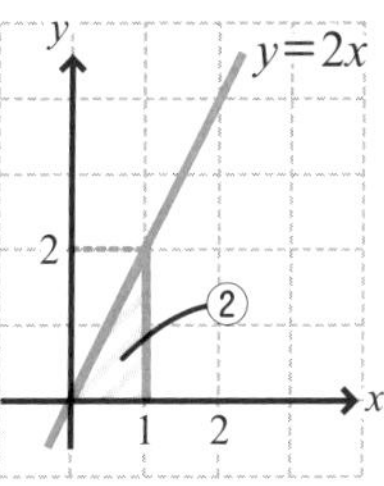

求める面積
＝①－②

＝

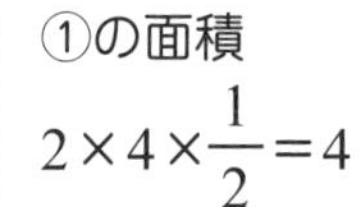

－

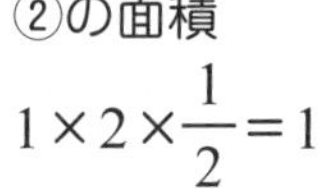

$$\left[x^2\right]_1^2$$

＝

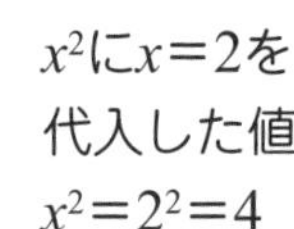

－

x^2に$x=1$を
代入した値
$x^2=1^2=1$

定積分の公式をまとめてみると

前頁を踏まえて定積分の計算をまとめます。$y=f(x)$ を積分したものを $\mathrm{F}(x)$ とします。$f(x)=2x$ の場合なら、$\mathrm{F}(x)=x^2$ です。

$f(x)$ を $x=a$ から $x=b$ まで積分すると

$$\int_a^b f(x)dx = \Big[\mathrm{F}(x)\Big]_a^b = \mathrm{F}(b) - \mathrm{F}(a)$$

となります。それではこの公式を使って、P.92～93の面積を右頁のように積分で計算してみましょう。実際に計算してみると、取りつくし法に比べてはるかに容易であることがわかります。

微分積分学の基本定理

定積分の計算の最後に、微分と積分が逆の関係であることを示す、微分積分学の基本定理に少し触れます。式で書くと

$$\frac{d}{dx}\int_a^x f(x)dx = f(x)$$

と、文字だらけで嫌になりそうですね。この式を説明すると、$f(x)$ の積分が「$\int_a^x f(x)dx$」です。そして、この式を微分すると「$f(x)$」と元に戻ります。これを式で書くと、$\dfrac{d}{dx}\int_a^x f(x)dx$ となります。

この微分積分学の基本定理は、微分と積分が逆であることを示している式ですが、式で表すと途端に難しくなるのが数学です。しかし、これまで説明してきたように、微分「$\dfrac{d}{dx}$」を「わり算」、積分「$\int_a^x \ dx$」を「かけ算」と考えると以下のようにイメージしやすくなります。難しい式には意味付けをして補っていきましょう。

$$\div \bigcirc \quad f(x) \times \bigcirc = f(x)$$

同じものをわって、かけるので1

定積分の公式

● 定積分の公式

$f(x)$の積分を$F(x)$とすると

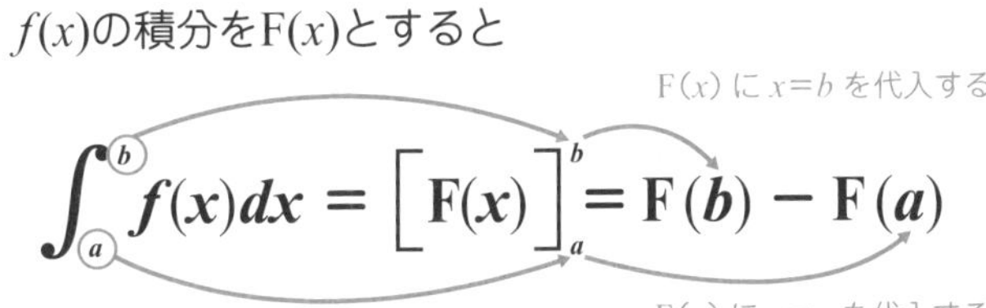

$$\int_a^b f(x)dx = \Big[F(x)\Big]_a^b = F(b) - F(a)$$

● 公式を使って面積を計算してみよう

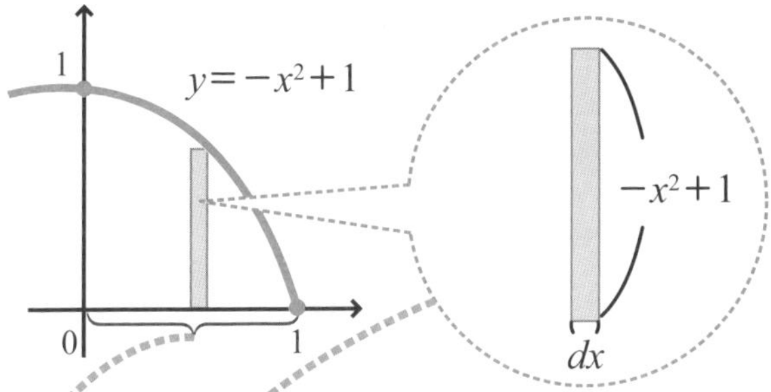

$$\int_0^1 (-x^2+1)\,dx$$

$$= \left[-\frac{1}{2+1}x^{2+1} + 1 \times x\right]_0^1$$

$$= \left[-\frac{1}{3}x^3 + x\right]_0^1$$

$$= \left(-\frac{1}{3} \times 1^3 + 1\right) - \left(-\frac{1}{3} \times 0^3 + 0\right) = \frac{2}{3}$$

$x=1$ を代入した値　　$x=0$ を代入した値

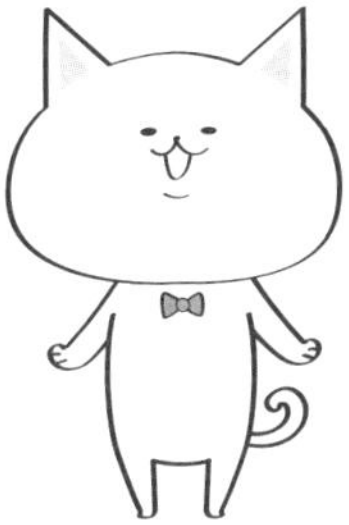

図形を回転させてみると…

07 回転させてできる図形は幅広い

図形を回転させてみると…

高校３年生の数学Ⅲで学習する積分の後半に、右頁の図のような回転体の体積を求める問題が登場します。回転体は3次元ですから、私たちの身近にあふれています。大学受験では数学Ⅲで学習する積分の知識が定着しているのかを図る良質な題材として、回転体の体積が出題されます。

実は積分というのはできるものより、できないものの方が圧倒的に多いのです。そのため、積分できるものは式がシンプルなものに限られます。この「式がシンプル」であることは、数学のみならずアニメーションなどに応用するうえで大事になっていきます。というのも、3Dのアニメやゲームは、最終的には式にする必要があるからです。式にできないものを、プログラムするのは困難です。だからこそ、シンプルな式で色々な回転体が表現できることに意義があります。

例えば、四角形を軸に合わせて回転させれば**円柱**になり、四角形を軸から少し離すとトイレットペーパーやリングの形をした**中空円柱**ができます。

三角形を軸に合わせて回転させれば**円錐**になり、台形を軸に合わせて回転させると紙コップの形が出来上がります。なおこの紙コップの形を**円錐台**といいます。ちなみに円錐、円錐台に出てくる錐は音読みで「すい」ですが、訓読みは「きり」です。円錐が尖っているのは「きり」が尖っているのと同じなのですね。

回転してできる図形

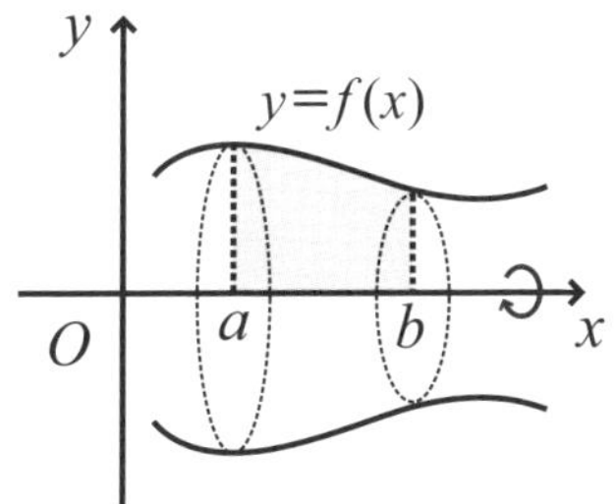

$x=a$から$x=b$までx軸の周りに回転させてできる図形の体積は

$$\int_a^b \pi \times f(x) \times f(x)\,dx$$

π（パイ）：円周率

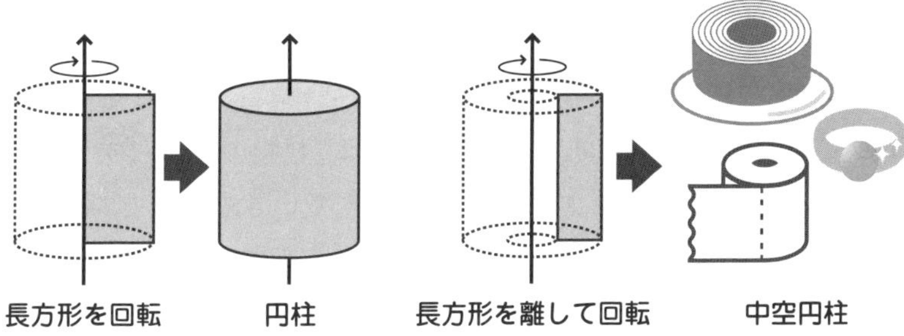

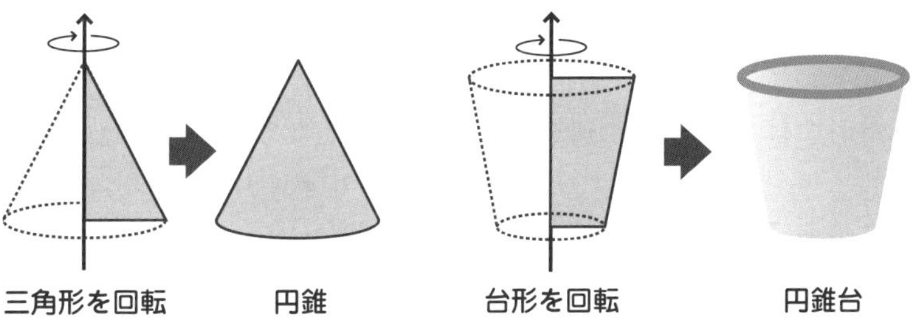

回転させてできる図形は数多くある

回転させてできる図形となると、あまり多くなさそうなイメージを持つかもしれませんが、思っている以上にあります。ここでは、そんな回転図形を紹介していきます。

まずは①の円です。円を右図のように左右対称となる軸の中心で回転させると球体つまりボールになります。それが、ボウリングのボールのように固いのかテニスボールのように柔らかいのかは光の反射や、弾み具合などで表現できます。

この円を軸から少し離して回転させると、②のようにドーナッツの形が出来上がります。このドーナッツの形を**トーラス**と呼びます。昔のRPG（ロールプレイングゲーム）のように、一番北の地点から更に北へ進むと世界地図の一番南の地点にワープする世界は球体ではなく、トーラス（ドーナッツ）型になっています。

③のように長方形と台形を組み合わせて回転させれば、コマのような複雑な立体図形を作ることもできます。また、回転させるものを、曲線にすることで④のように壺を作ることもできます。曲線は無限に作ることができるので、無限に立体図形を作ることができるのです。

軸に垂直に直線を回転させると、前頁の長方形を離して回転させてできた中空円柱の形になりますが、⑤のように、直線が軸と平行ではなく交差もしない場合に回転させると面白い図形となります。⑤のように２つの直線が平行ではなく交差もしないときを**ねじれの位置**といいますが、ねじれの位置にある2直線を回転させると、一葉双曲面と呼ばれる美しい図形が現れます。デザイン性のある椅子や、神戸ポートタワーのようなデザイン性のあるシンボル、また発電所などに用いられる冷却塔・給水塔などにも用いられます。

多様な回転体

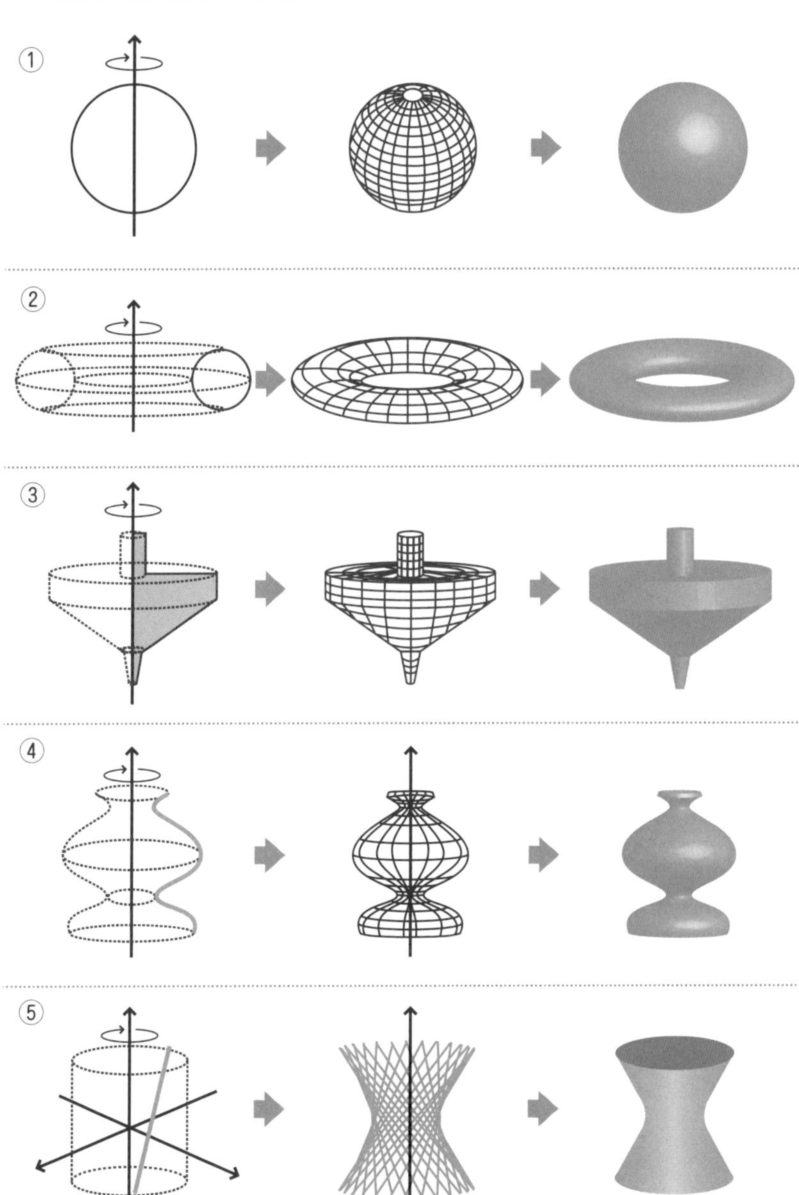

1ℓ牛乳パックの謎

体積のミステリー

スーパーで売られている1ℓ（リットル）の牛乳パック、見慣れた形ですが、縦・横・高さを図ったことがあるでしょうか？　立方体部分の底面にある縦と横の長さは7cmの正方形で、高さは19.5cmです。3辺の長さが分かりますから、実際に体積を計算すると7×7×19.5＝955.5㎤＝955.5mℓ（1㎤が1ミリリットル）＝0.9555ℓです。わずかですが容積が1ℓに満たないのです。

そこで上部の四角錐の部分にも牛乳が入っていると考えて、上部を計算してみると7×7×2÷3≒32.7mℓとなり、立方体の部分と合わせても955.5＋32.7＝988.2mℓ＝0.9882ℓで、まだ1ℓに届きません。

1ℓの牛乳パックと明記されているのに、1ℓに満たない状態で堂々と販売されていたら問題です。では、実際1ℓの牛乳パックは1ℓ入っていないのか？　入っていないのであれば、0.9555ℓなのか、それとも0.9882ℓなのか？　軽量カップに移し替えて調べると、ちゃんと1リットル入っているのです。

この謎の答えは牛乳パックの見かけにあります。牛乳パックをよく見ると若干膨らんでいます。牛乳パックは牛乳を入れると、パックの内面から圧力がかかり、側面部が若干膨らみます。膨らむことで容積が増え1ℓ入るようになるのです。

なお牛乳パックの底辺7cm×7cmのサイズを規定したのはアメリカで、牛乳ビンを運搬する箱の大きさに合わせたそうです。

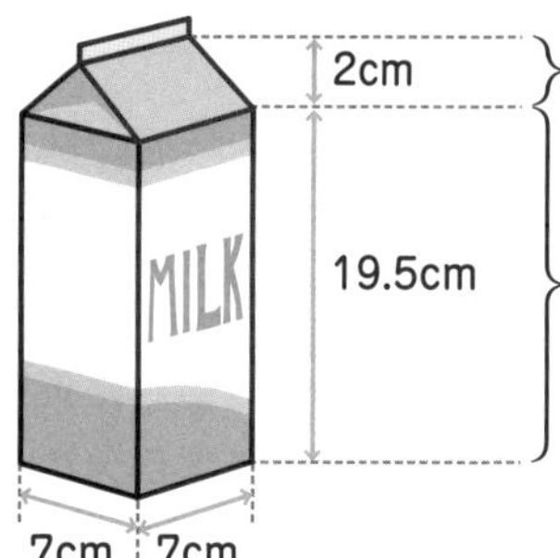

体積：7×7×2÷3＝32.7

体積：7×7×19.5＝955.5

1000mℓ（1ℓ）未満？

1ℓある

牛乳パックの断面図

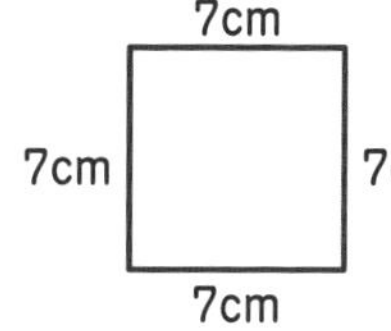

周囲の長さ：7×4＝28cm

周囲の長さは変わらず
面積が増加する

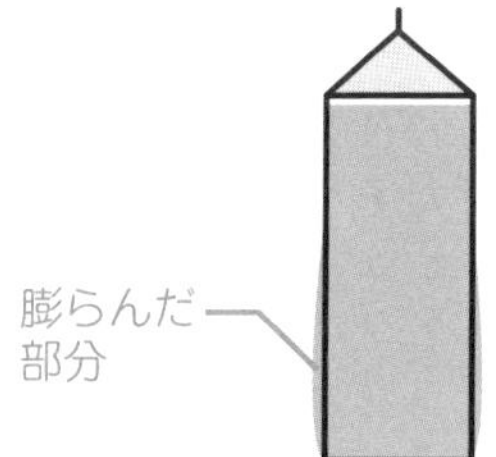

牛乳をパックに入れた場合
パック（容器）が膨らむので
1ℓ入る

第4章

身近で使われている微分積分

トレンドを知るには微分が不可欠！

01 ツイッターのトレンドは微分が決める

ツイッターの裏で活躍する微分

私たちは、さまざまなSNS（ソーシャル・ネットワーキング・サービス）を利用しています。SNSによっては、トピックをランキングにして表示しているものもありますが、ランキングの決定に微分積分を使っているものも少なくありません。

例えばTwitterのトレンドには微分の考えが採用されています。Twitterは、全角140字のツイート（つぶやき）を投稿するSNSで、トレンド機能はその名の通り、流行っている話題の単語を表しています。このトレンド機能を表示する際に、日本中の全てのツイートをくまなくチェックしてトレンドを調べるのは膨大な作業となり不可能です。

そこでコンピュータを利用して、流行っている単語をピックアップし、表示の頻度を計算しています。ピックアップしたツイートの単語が、時間とともにどのように変化したのかを分かりやすく知るためにグラフを利用します。このグラフで急激に増加したもの、つまり増加率が高いものをピックアップします。グラフで（ツイートの）増加率は「接線の傾き」に表れます。グラフの接線の傾きを調べるツールは微分だったので、右頁の図のように微分したグラフで、ツイート数が急に増加した（増加率が高い）ものを調べます。

つまり**微分したグラフによって、急に話題となった単語の話題性を数字で表すことができるのです。**そして、この数字が大きいものが、トレンドの単語になるのです。このように、Twitterのトレンドの背後には微分が活用されているのです。

ツイート数のグラフの傾き（微分）がトレンドを決める

● トレンド機能

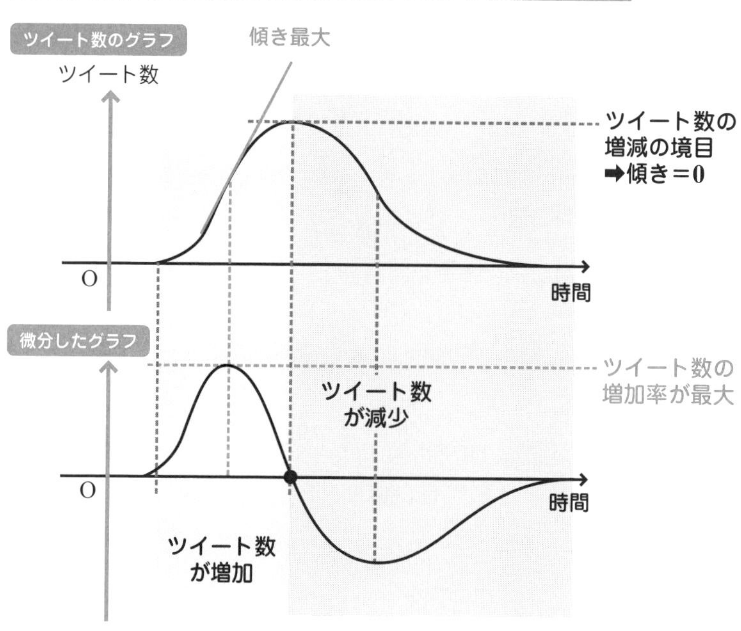

満足はいつまでも続かない！

02 満足度の限界は関数でわかる

追加の満足度（限界効用）を微分で科学する

経済学で耳にする関数に**効用関数**というものがあります。「効用」というと難しそうですが、ざっくり述べると「満足度」を表していて、消費量と満足度（効用）の関係を表したものが効用関数です。

例えば、お肉食べ放題のお店に入ったとします。空腹のときに食べるお肉の満足度（効用）は格別です。しかしこの満足度はいつまでも一定ではありません。空腹時に１人前のお肉を食べた後、追加で１人前のお肉を食べたときは満足度（効用）が減るはずです。お肉を１人分食べるたびに得られる追加の満足度（効用）を**限界効用**といいますが、この追加される満足度こそ微分の持つイメージなのです。

ここで効用関数を、２次関数「$y=x^2$」を時計回りに90°回転させた「$y=\sqrt{x}$」として具体的に考えてみましょう。焼き肉店で提供される１人前のお肉を100gとします。空腹時に１人前（100g）を食べたときの満足度は$\sqrt{100}=\sqrt{10^2}=10$（$\sqrt{\square^2}=\square$より）です。さらに１人前（100g）のお肉を食べると（計200g）満足度（効用）は$\sqrt{200}\fallingdotseq 14.1$なので、１人前の満足度をひいて、２人前の限界効用は$14.1-10=4.1$です。さらに１人前（100g）食べると（計300g）満足度（効用）は$\sqrt{300}\fallingdotseq 17.3$なので、２人前の満足度をひいて、３人前の限界効用は$17.3-14.1=3.2$です。

限界効用はこのように$10\to 4.1\to 3.2\to\cdots$と減少していきますが、この事実を**限界効用逓減の法則**といい、グラフで数値の増減を視覚的にイメージすることは微分に相当します。

効用関数による満足度のグラフ

効用関数を「$y=\sqrt{x}$」として考えます。

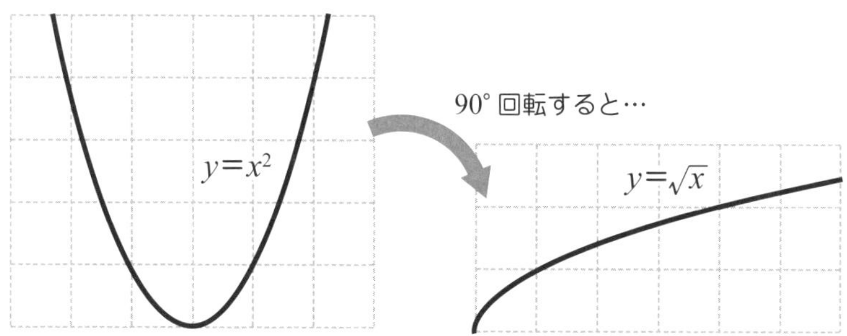

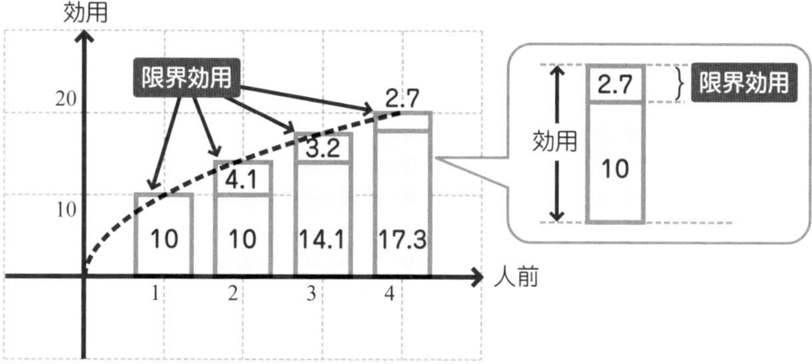

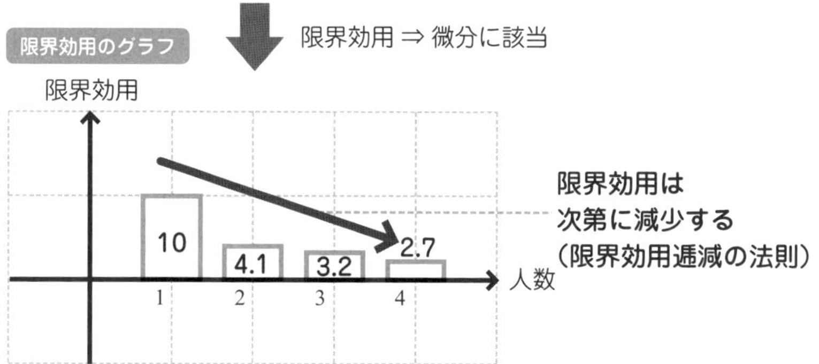

データ保存にも微分積分

03 CDやDVDにも使われている微分

音・映像データは微分で読み取っている！

近年ではデータをハードディスクやクラウドに保存して利用することが多くなり利用が減ってきましたが、記録媒体としてのCDやDVD等の光ディスクは、今も需要があります。

CDやDVDのキラキラしている裏面は、データが書き込まれている記録面になっています。この記録面は**ピット**と呼ばれるさまざまな長さの突起部分と**ランド**と呼ばれる平面部分で構成されています。

CDやDVDからデータを読み込む場合は、ディスクにレーザー光を当てます。ピットはレーザーを拡散反射するため弱い光が、ランドは正反射されるため強い光が返ってきます。つまり、反射光の強弱によってピットの有り・無しを判定しているのです。

CDやDVDはこのピットとランドによる光の微妙な変化を読み取ってデータにしています。データはランドからピット、ピットからランドに変化したら1、変化がなければ0として表されます。

この光の強弱の変化で情報を読み取る仕組みは良いのですが、CDやDVDなどの光ディスクは傷が付き、汚れるものです。少し汚れや傷ですべての情報が読み込まれなくなるのは困ります。

そこで微分を利用します。微分したグラフに着目すると、光の強弱に変化がない部分は0、強弱に変化した部分は＋もしくは－になっています。汚れや傷で光の強弱が変わっても、微分した値の＋、－、0が変わるわけではありません。微分をうまく利用することで、光ディスクから情報を読み取りやすくしているのです。

ディスクからデータを読み取る

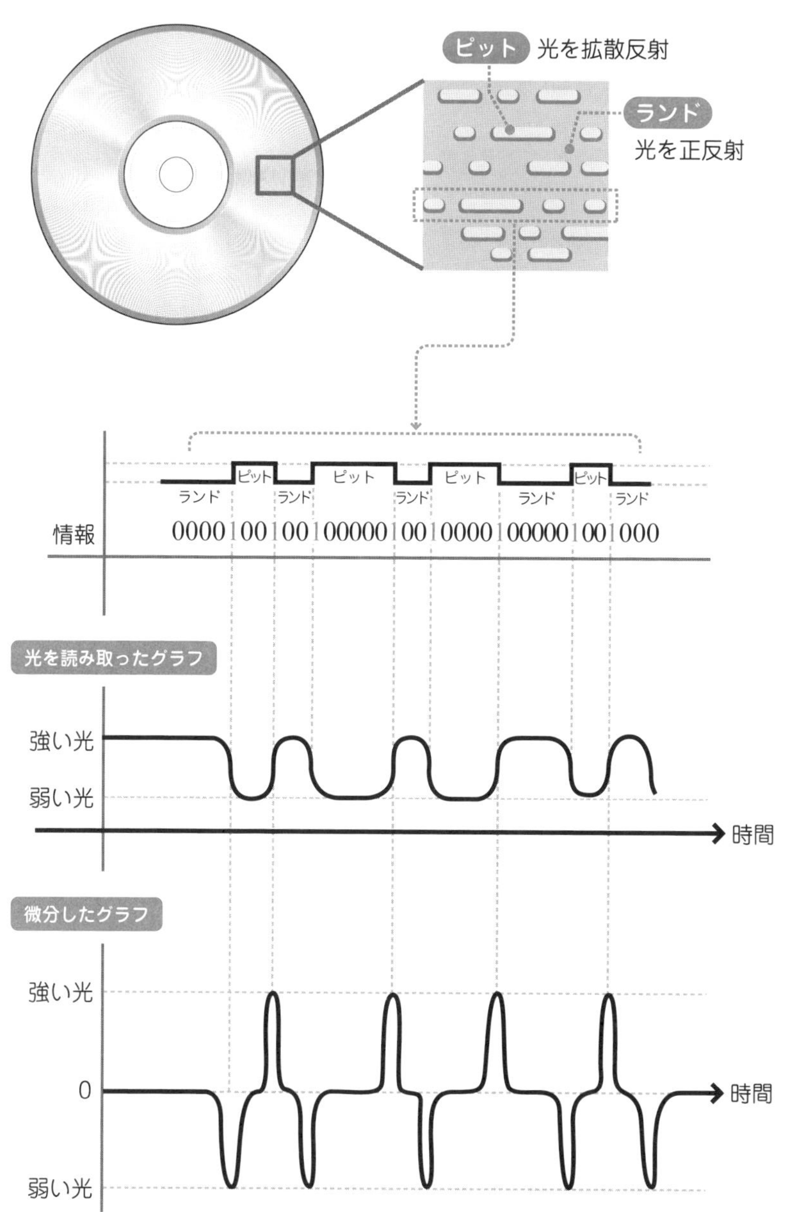

最新の感染状況を予測するには

04 コロナウイルスの新たな指標「K値」

感染が拡大か収束かを微分で予測する

2020年より流行している新型コロナウイルスの感染者数を予測する上で参考となる新たな指標として**K値**が登場しました。K値は、右頁の公式にあるように「直近1週間当たりの新規感染者数」を「累積感染者数」で割った値です。累積感染者数を横軸（x軸）、直近1週間当たりの新規感染者数を縦軸（y軸）にしたグラフ上の点と原点を結んだ直線の傾き、つまり微分を活用した値といえます。

感染の開始時期では累積感染者数と直近1週間当たりの新規感染者数が同じ数字になるのでK値は1で、直近1週間の感染者が0になればK値は0になります。K値が0.5の場合は、直近1週間で累積感染者数が倍です。K値が1に近い場合は、感染が拡大し、K値が0に近い場合は、感染が収束していきます。

例えば、ある国のK値の状況が右頁の図のようにA、B、Cと変化したとき、点Aの感染状況に着目してみます。点Aの累積感染者数（x座標）が104、直近1週間当たりの新規感染者数（y座標）が89とすると、K値（直線OAの傾き）は右頁のように求めることができます。他の例も見てみると

点	直近1週間の感染者数：y	累積感染者数：x	K値：$y \div x$
A	89	104	0.856
B	160	16,673	0.0096
C	142,501	1,979,868	0.072

と、感染状況の予測・モニターができます。

感染者数を予測するK値の定義

K値を使った感染状況の

$$K値 = \frac{直近1週間の新規感染者数}{累積感染者数（全感染者数）}$$

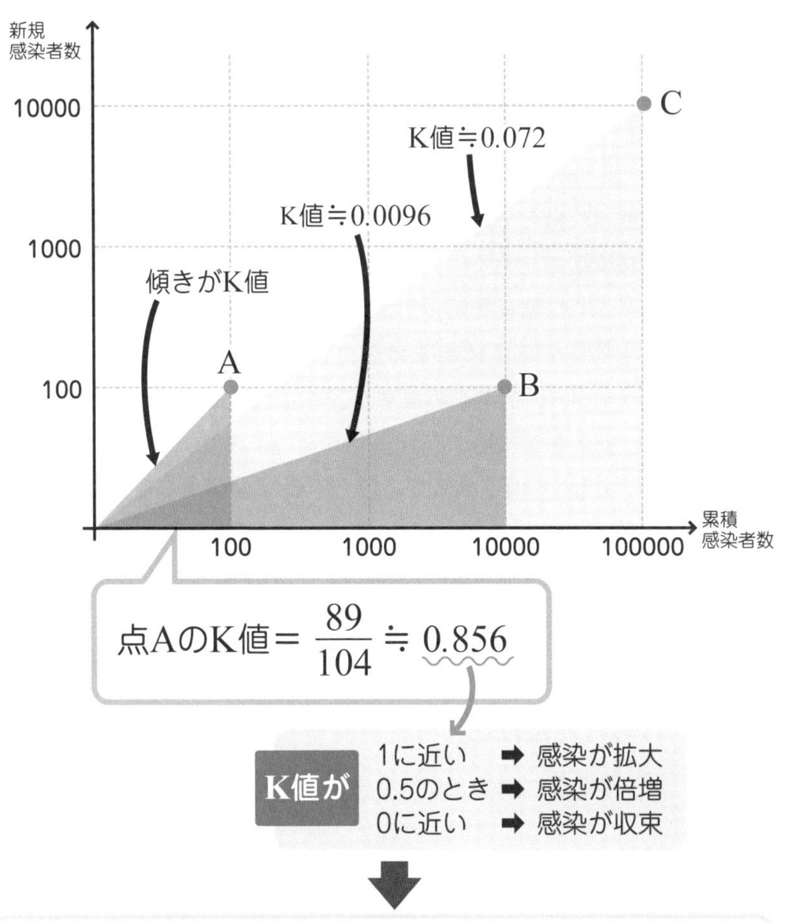

点AのK値＝ $\frac{89}{104}$ ≒ 0.856

K値が
1に近い ➡ 感染が拡大
0.5のとき ➡ 感染が倍増
0に近い ➡ 感染が収束

K値で感染症の流行状況の予想モニターができる

春の訪れは積分でわかる

05 桜前線は積分で予想する

桜の開花はどのように予想されている？

毎年出される桜の開花予想、この開花予想にも積分が利用されています。桜の花の芽は、開花前年の夏に作成されています。桜は秋から冬にかけて、休眠状態に入って年を越しますが、一定の期間低温になると、休眠から目覚めます。これを**休眠打破**といいます。

桜の開花予想は、この休眠打破した日を基準として、温度変換日数（DTS）を積算し、地点ごとに20日や21.5日など決められた日数に到達した日を開花日として予想します。

温度変換日数は15℃の花の芽の成長度を1（日）として、右頁の計算式に代入して求めます。途中計算が複雑なので代入後の式は省略しますが、例えば5℃の場合は0.3日、10℃の場合は0.55日、20℃の場合は1.74日、25℃の場合は3.3日です。このように、花の芽の成長度を日単位で求めて合計していきます。この日単位に分けて合計していくという考え方こそが微分積分の考えなのです。

東京の桜の開花予想は簡易的な方法もある

東京では桜の開花予想を、2月1日以降の「最高気温」の合計が600度を超えると開花する「600度の法則」や、2月1日以降の「平均気温」の合計が400度を超えると開花するという「400度の法則」もあります。あくまで法則なので、実際の開花日とのズレがありますが、大まかな予想をする際には有用です。いずれも**気温を合計していきますが、合計するという考え方が積分に該当します。**

桜の開花時期

温度変換

$$\mathrm{DTS} = e^{\frac{9.5\times10^3(t-15)}{288.2(t+273.2)}} = \exp\left\{\frac{9.5\times10^3(t-15)}{288.2(t+273.2)}\right\}$$

t：日平均気温（℃）／ e、exp=2.71828…と続く数（ネイピア数という）

● 400℃の法則による開花予想日：3月16日（400.8℃）

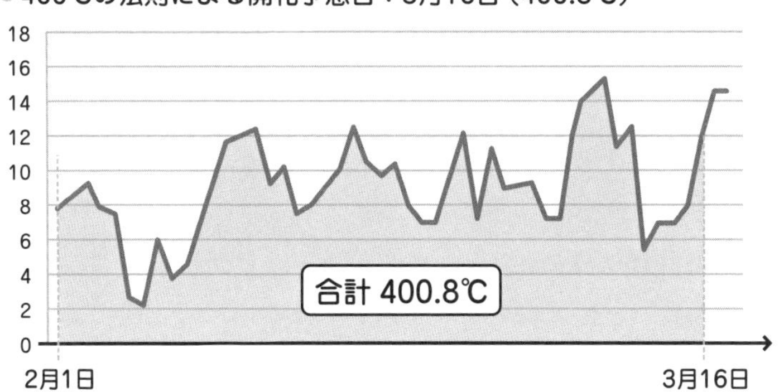

● 600℃の法則による開花予想日：3月15日（610.6℃）

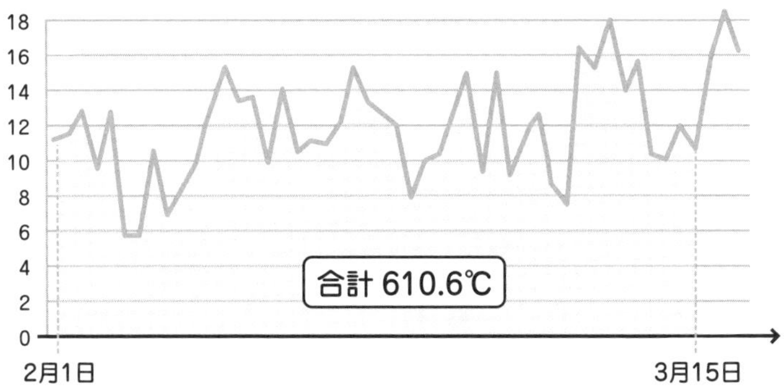

電池は残りどれくらい？

06 充電が必要かどうかは積分で調べよう

バッテリー残量の詳細が積分でわかる

私たちの生活には欠かせなくなったスマートフォンやiPhone。気づくとバッテリー残量が少なくなり、慌てて充電したことがある人も少なくないのではないでしょうか？　以前の携帯電話ではバッテリーの残量が3段階しかなく、最後の1段階になったら、いつ電源が切れるのかハラハラしていたものです。比べて近年のスマートフォンやiPhoneは、バッテリーの残量を%単位で詳細に表示してくれますが、この詳細な表示にも数学が使われています。

スマートフォンやiPhoneのバッテリーは**リチウムイオンポリマー電池**です。スマートフォンやiPhoneを充電すると、**リチウムイオン**が負極に移動し、使用（放電）するとリチウムイオンが正極に移動します。スマートフォンやiPhoneを使用したり充電したりするたびにリチウムイオンが正極・負極に移動し、どちらの電極にどの程度移動したのかを電子回路に流れた電気の総量から予想しているのです。

しかし、計算は簡単ではありません。なぜなら私たちはスマートフォンやiPhoneを少しでも長く使えるように、電源をOFFにする、スリープにする、省エネルギーモードにするなど電流値を頻繁に変更します。

そこで、積分の登場です。**電子回路を流れる電流が時間とともにどのように変化したのかを関数で表し、グラフの面積を積分することで、電池の残量を詳細に推定できるのです。**

スマホのバッテリー残量を詳しくできたのは？

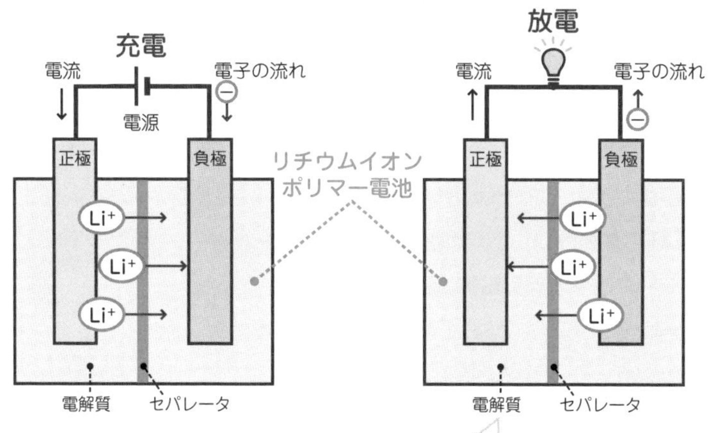

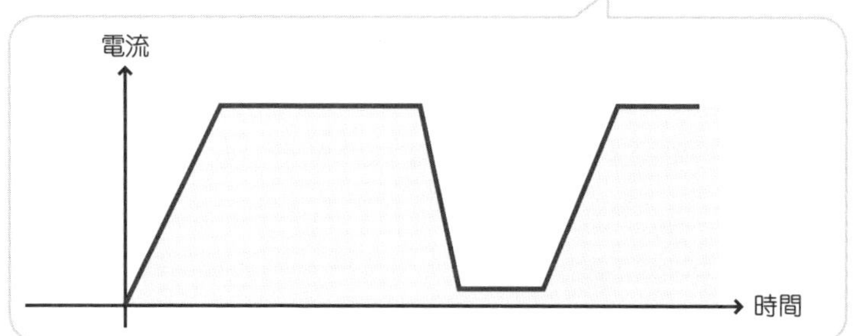

面積を求めて電池の残量を計算

➡ 積分を利用して電池の残量が分かる

第4章

積分が変えた宇宙科学

07 地動説は積分法で証明された

ケプラーが積分で見つけた大発見

宇宙の中心は太陽で、地球などの惑星は太陽の周りを回転しています。これを**地動説**といいますが、かつては地球が宇宙の中心にあり天球が回転していると考える**天動説**が支持されていました。この天動説に異を唱えたのはコペルニクスですが、地動説の正しさを計算によって証明したのがケプラーでした。ケプラーは、長い年月をかけて火星の軌道を計算し、楕円軌道になっていることを発見します。

火星は、太陽から近い位置にあるときは速く、太陽から遠い位置にあるときは遅く動きます。速度や距離の変化に着目すると、速い部分や遅い部分があり、うまく規則性がつかめませんでした。そこで、右頁の図のA、B、Cのように同じ時間内に動いたそれぞれの距離と太陽の間にできる面積に着目してみます。この面積を調べてみると、どの面積も等しくなるのです。

このときに使った面積計算の方法は、面積を小さな三角形に分割して求め、合計していくという微分積分の考え方そのものだったのです。

これらの結果が、地動説の基礎となる惑星の運動に関する**ケプラーの法則**として名を残すことになるのです。

この時期にデカルトが座標平面の考えを思いつき、さまざまな現象や運動を計算に結び付けることができるようになりました。そして、ニュートンの流率法（微分積分）や力学へつながっていくのです。

地動説とケプラーの法則

地動説

火星の軌道
太陽
地球の軌道

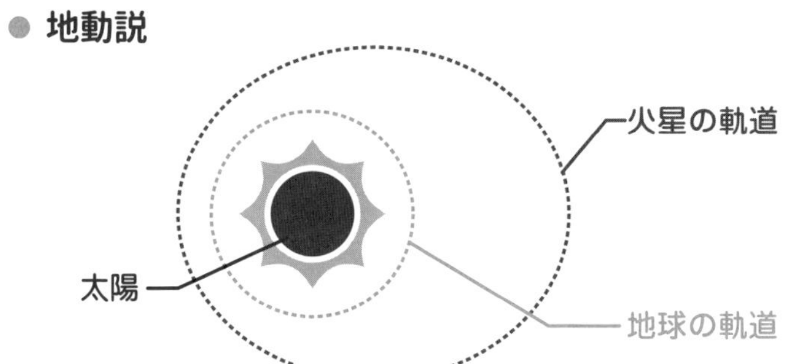

ケプラーの法則

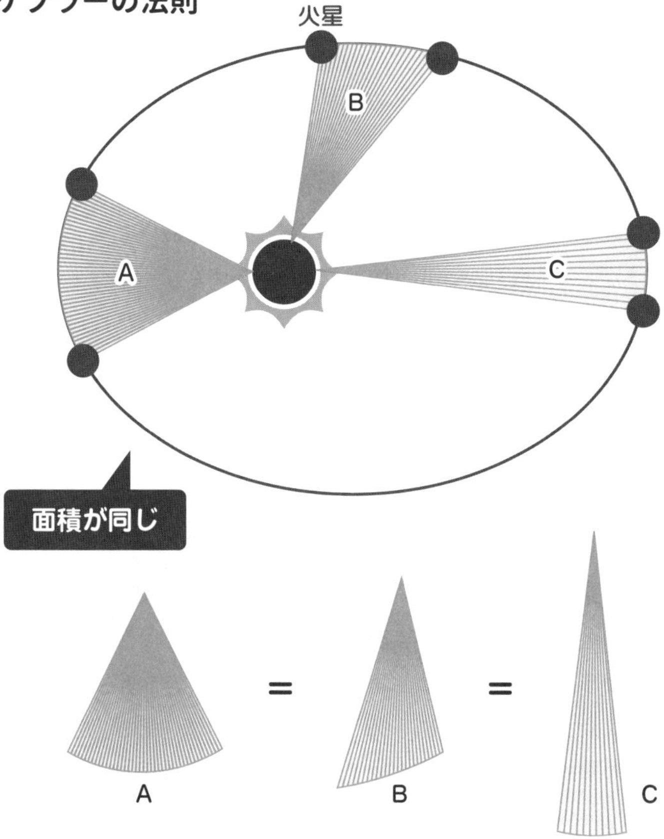

火星
B
A
C
面積が同じ
A
=
B
=
C

微積は物理に必要不可欠！

08 微分積分と物理の関係を見てみる

距離・速度・加速度をつなぐ微分積分

3時間で120km先の目的地にたどり着いた場合、120÷3＝40km/hで時速40kmとなります。1時間ごとに40kmずつ一定の速度で進むとすれば、細かな速度を知る必要はなく、微分や積分の理論も速度メーターも必要ありません。しかし、道路上では速く車を走らせることもあれば、信号機で止められることもあり、速度は刻一刻と変化していくわけです。刻一刻と変わる状況をわり算だけを頼りに計算するのは骨が折れます。この微小な変化を瞬時に、そして自動的に行う特別なわり算こそが微分でした。

「距離÷時間＝速度」、「速度÷時間＝加速度」と習いますが、本来の定義は

「距離÷瞬間の時間」＝「距離を時間で微分」＝速度
「速度÷瞬間の時間」＝「速度を時間で微分」＝加速度

です。微分と積分は逆ですから、加速度を時間で積分すると速度、速度を時間で積分すると距離になります。また、加速度をa、速度をv、距離をx、時間をtとすると、右頁のように微分積分を使って式を作ることができます。

車は1年に走行距離1万キロが目安などといわれますが、この目安を知るのにも微分・積分が使われているのです。

微分積分と物理の関係

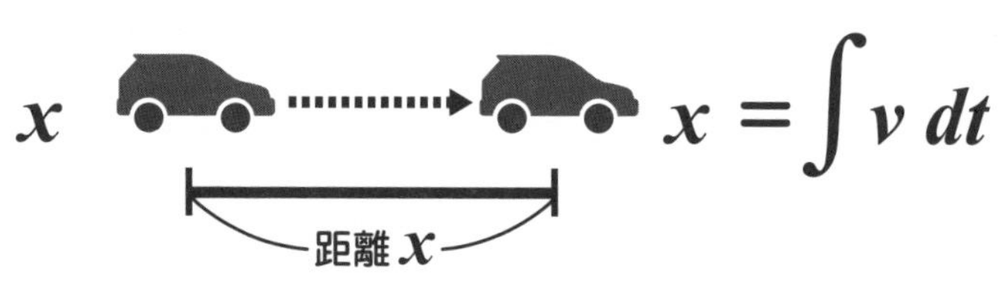

距離（x）を
時間（t）で
微分

速度（v）を
時間（t）で
積分

$$v = \frac{dx}{dt}$$

$$v = \int a \, dt$$

速度 v

速度（v）を
時間（t）で
微分

加速度（a）を
時間（t）で
積分

$$a = \frac{dv}{dt}$$

a

ピッチャーが操る数学

変化球はなぜ曲がる

野球にひそむ数学

野球といえば、ピッチャーとバッターによる手に汗握る心理戦です。どんなに高速の球を投げるピッチャーがいたとしても、いつもストレートの球を投げれば、バッターに打たれてしまいます。そこで、ピッチャーが投げるボールには、さまざまな変化球が存在します。変化球は投球の際に、ボールに回転を加えることでボールの軌道を変化させます。この回転しているボールの軌道が変化する現象を**マグヌス効果**といいます。この現象を追ってみましょう。

ボールを真上から見ます。そして、ボールが時計回りに回転しているとします。ボールの右側に分かれた空気は、ボールの回転方向と同じなので、ボールの表面の摩擦が空気の流れを速くします。逆に左側に分かれた空気は、ボールの回転と逆向きとなるので、摩擦によって空気の流れが遅くなります。空気の流れが速い右側は気圧が低くなり、空気の流れが遅い左側は気圧が高くなります（「**ベルヌーイの定理**」といいます）。つまり左右で気圧差が生まれるのです。この気圧差から、圧力の大きい左側から圧力の小さい右側に向かって力が働きボールがそれていくのです。

このとき、圧力差からできる力を**揚力**といいます。揚力というと飛行機が上昇するときの力というイメージが強いと思います。しかし、このように垂直方向のみならず水平方向にも揚力が発生する場合があります。この野球のボールのみならず、揚力を使って風上に進むセーリングは、水平方向に揚力が働く一例です。

変化球のメカニズム

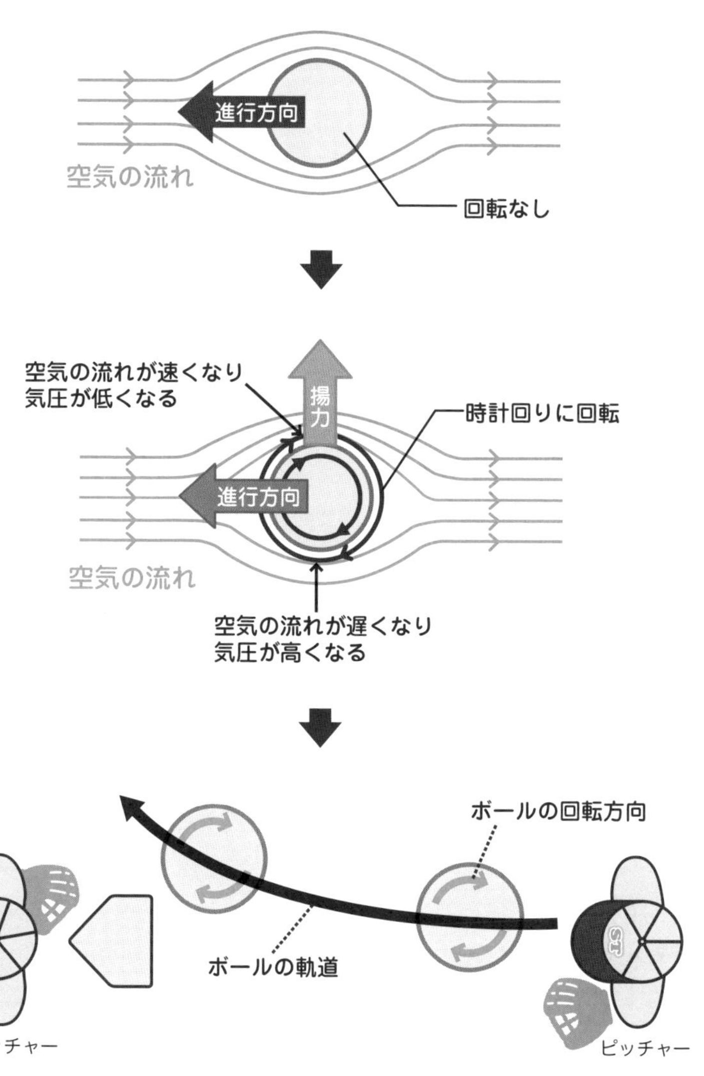

気圧差によってボールの左から右に力(揚力)が働く

パイロットに必要な数学

10 空を飛ぶとは？

飛行機は様々な力で空を飛んでいる

私たちの生活に欠かすことができなくなった飛行機。飛行機は様々な実験と計算によって空を飛びます。この計算にも、微分積分が見え隠れするのです。

飛行機が空を飛べるのは、翼が飛行機を持ち上げる揚力を持っているためです。飛行機は揚力の他に、真下にかかる重力、前進させる推力、前進を妨げる抗力と4つの力がかかり、この4つの力がつりあいを保つことで快適な空の旅を実現しているのです。

飛行機が空を飛ぶしくみ

飛行機の翼の断面図は右頁の図のような形で、翼の上面が丸みを帯びて、下面は上面に比べると平らに設計されています。空気の流れは、翼の左から来て、翼によって上面と下面に分かれます。飛行機の翼が空気の循環を発生させることで、翼の上面の気流が速くなり、下面は遅くなります。流速が速いと気圧が低くなるので、上面の圧力より下面の圧力の方が大きくなるため、その圧力差で揚力が生まれるのです。

揚力を発生させる過程をざっくり書きましたが、本来揚力の仕組みは複雑で様々な要因が重なり合っています。具体的には、**クッタの条件**（翼の周りの空気の循環）、**ベルヌーイの定理**（マグヌス効果）、**流線曲率の定理**（コアンダ効果）、など様々な理論及び計算、そして実験した結果により空を飛びます。**その理論を構築する際に微分積分が利用されているのです。**

揚力が発生する仕組みは

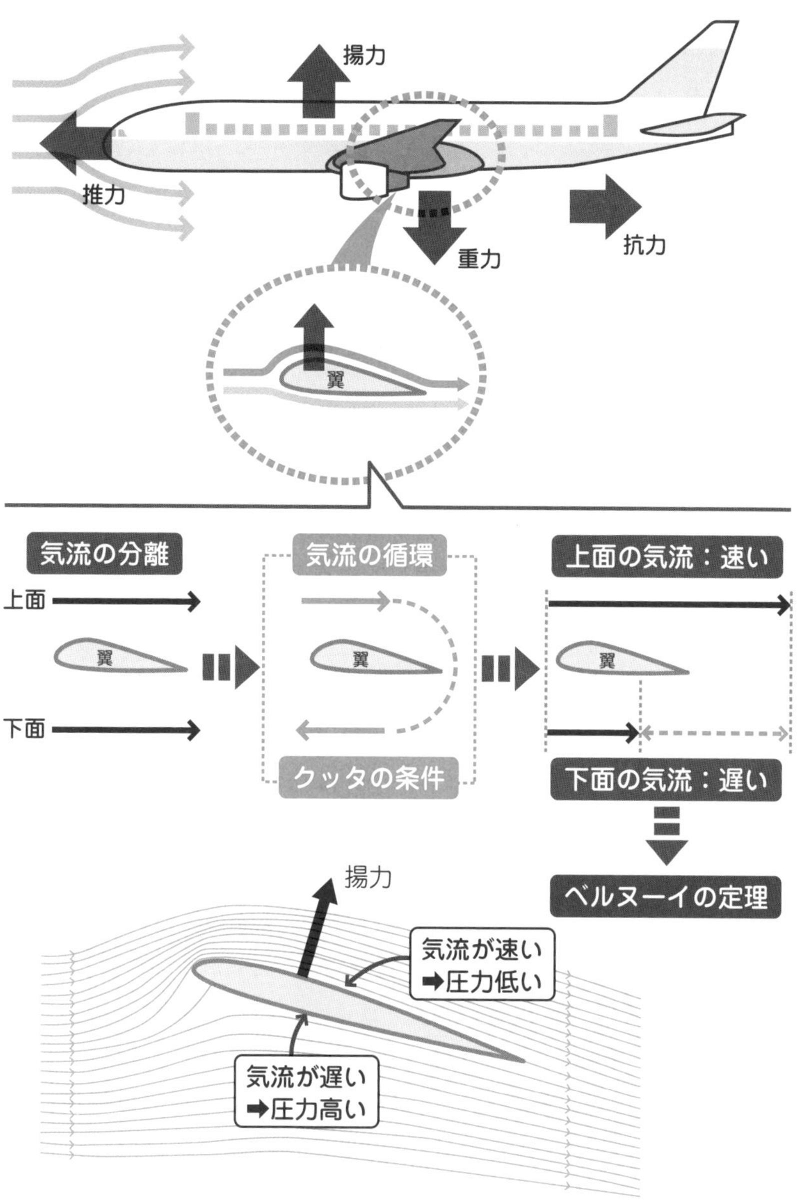

コアンダ効果

気体や液体のように少し力を加えると簡単に形が変わるものを**流体**といいます。流体には粘りがあるので、流体に力が加わるとその力に抵抗する力が発生します。この性質を**粘性**といい、粘性がある流体のことを**粘性流体**といいます。また、空気や水などの粘性流体の流れが物体に沿って曲げられる現象を**コアンダ効果**といいます。ここで、コアンダ効果を身近な実験で体感してみましょう。

実際に体感してみよう！

右頁の図のように、スプーンをそっと持ち丸い外側の部分を徐々に水が出ている蛇口に近づけていくと、蛇口の水の流れにスプーンが引き込まれていきます。

また右頁のように風船をリング状につなげたものを準備します。この風船をリング状につなげたものに、ななめ下からドライヤーの風を当てると、風船をつなげたものがぐるぐると回り始めます。このように空中で回るのは、空気の流れに２つのはたらきがあるからです。

１つ目は風船に沿って流れが曲がり、このとき流れにはななめ下方に力がはたらき、その反作用として風船にはななめ上方に力がはたらきます。この力が全体を浮かせる力になっているのです。

２つ目は風船に当たった流れが空気抵抗を発生させ、空気抵抗がつなげた風船を回転させる力になっているのです。ドライヤーの風でピンポン玉が浮くのもコアンダ効果によるものです。このような性質を飛行機が飛ぶ際に利用しているのです。

コアンダ効果を体感してみよう

● 水道とスプーンを使った実験

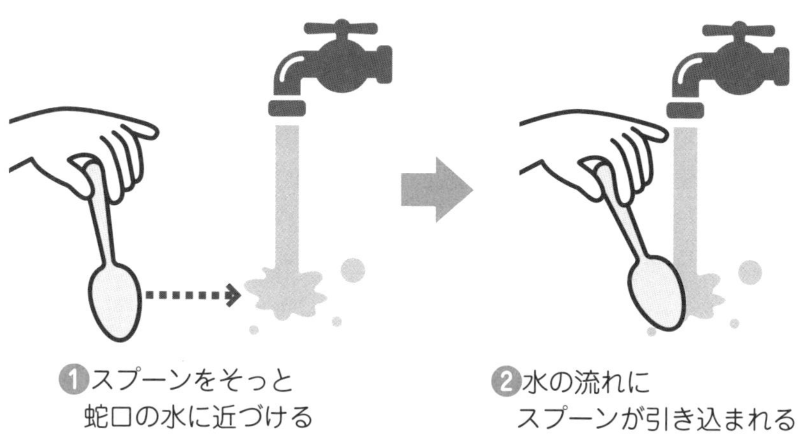

● 風船とドライヤーを使った実験

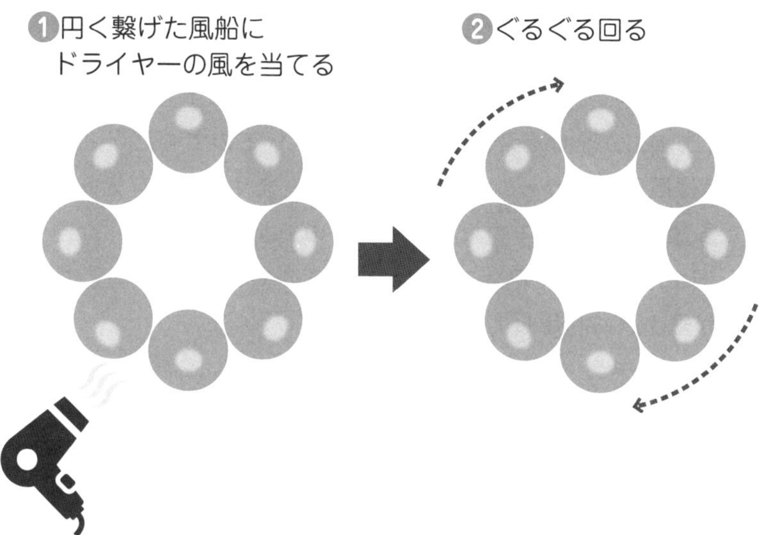

ヘリコプターにはなぜ羽根が2か所あるのか？

小さいころ竹とんぼ式のヘリコプターのような装置を頭につけて、自由に空の旅ができるようになったら、と想像したものです。実際に頭の上で竹とんぼ式ヘリコプターが回転すると、**反トルク**と呼ばれる自分の体が飛行装置の逆向きに回転する力が働いてしまうため大変です。蛇足ですが、アニメで登場するあの飛行装置は、回転によって揚力を得るのではなく、重力を無効にする反重力場となるそうです。

あの飛行装置の元となった乗り物といえばヘリコプターです。ヘリコプターはメインのローター（プロペラ）で得られる揚力で空を飛びます。ヘリコプターのローターの断面図は、飛行機の翼と同じような形をしています。

ローターが1つしかない場合は、ブレードが反時計回りに回転したら、その回転による力を打ち消すために、時計回りに回転する反トルクが発生します。

この問題を解決するために、ヘリコプターにはローターが2つ以上あり回転運動の力を打ち消すようにしています。例えば、機体が回転しようとしたら、その回転運動を抑えるために、機体の後ろに垂直に付いているローターが設置されているテールローター式、2枚のローターを機体の前方と後方に設置したタンデムローター式、2枚のローターを機体の左右に設置し、傾けられるようにしたティルトローター式などがあります。近年よく見るようになったドローンのように4つの回転翼をもつクワッドローター式などもあります。

ヘリコプターのローターブレードは何枚？

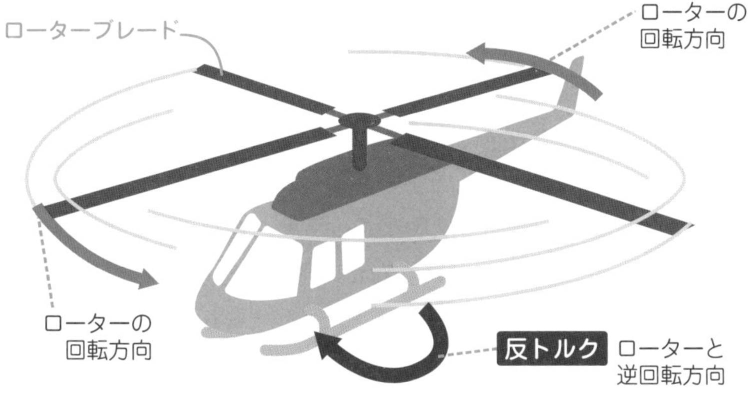

ローターブレードが1つだと機体が逆向きに回転し始める

● ローターの種類

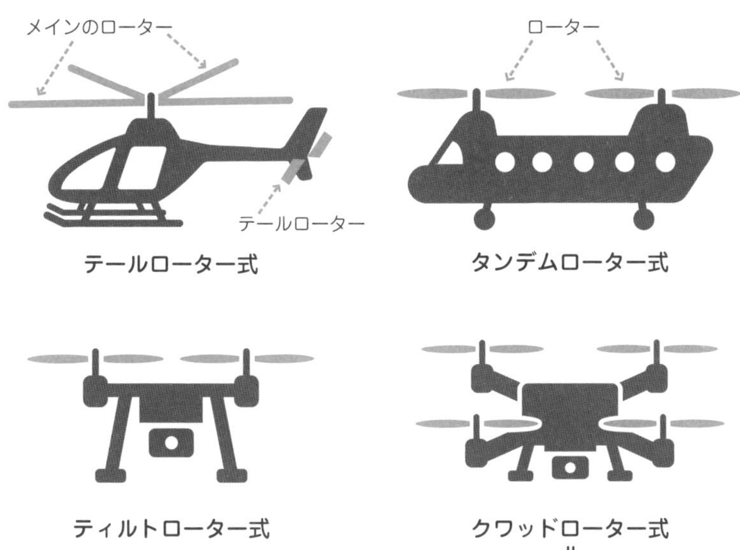

写真にも微積が隠れている！

11 写真の画素数（ピクセル）と積分の関係

デジタルカメラの画像をどんどん拡大していくと

以前は一眼レフのカメラやインスタントカメラ（使い捨てカメラ）で写真を撮っていましたが、今はデジタルカメラそしてスマートフォンやiPhoneのカメラで写真を撮るようになりました。一眼レフのカメラなどは撮影後にネガフィルムをお店に持っていき写真にしてもらう必要がありました。今はお店に行って写真にしなくても、パソコン、スマートフォン、iPhoneなどで画像を見ることができるので、非常に便利になりました。

デジタルカメラやスマートフォン、iPhoneのカメラの性能には○千万画素と表示されています。この画素は**ピクセル**ともいい、画像を構成している点（**ドット**ともいいます）に色の情報を加えたものです。

私たちが見ているスマートフォンなどの画像は、カメラの性能が良いので写真と遜色なく見えますが、画像をどんどん拡大していくとルービックキューブのような正方形が現れます。この正方形が画素（ピクセル）です。1つ1つの画素（ピクセル）の大きさを0に近づけていけば、細かな部分を表せるようになり本当の写真に近づいていきます。この細かな画素（ピクセル）を集めて、写真にしています。

このように画素をより小さくしていく作業は微分で、1つ1つの画素を集めて写真のように鮮やかな画像にすることが積分に当たります。写真を微分積分の発想に落とし込むこと（画像）で、パソコンで扱うことができ、より写真が身近になったのです。

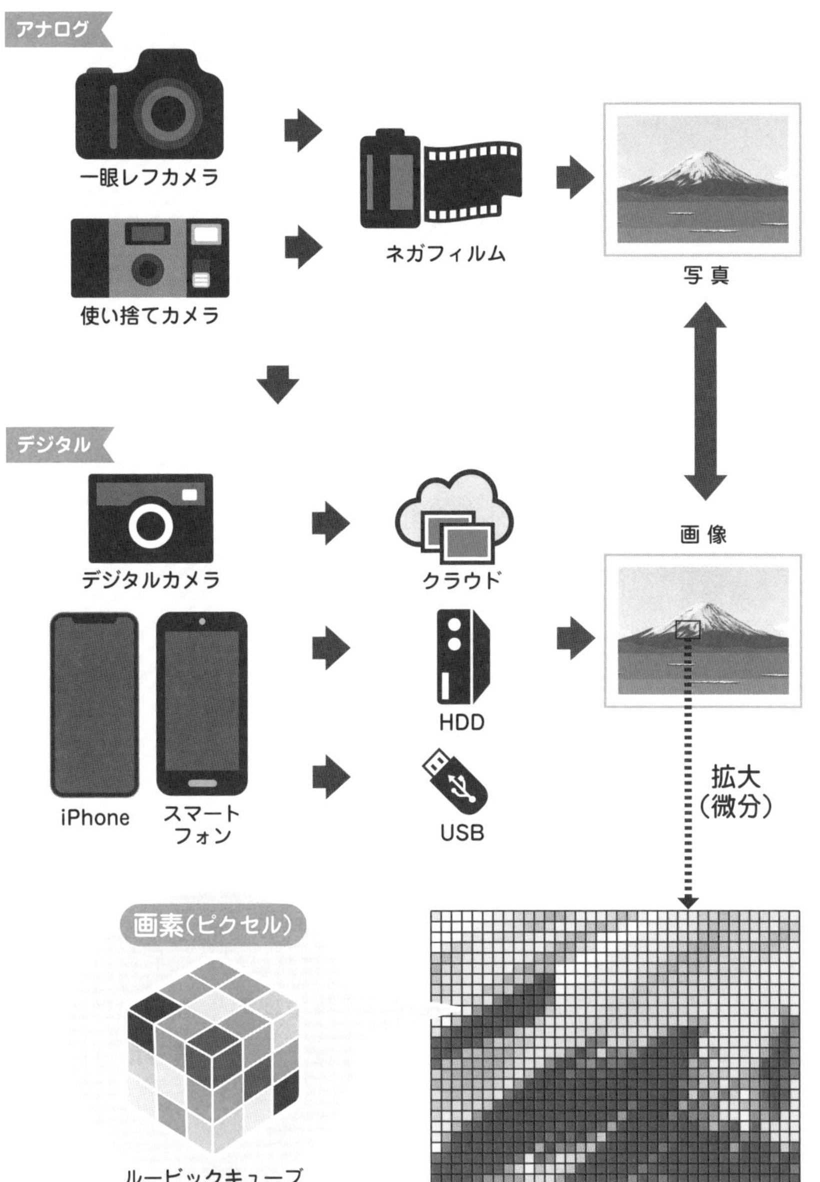
デジタルカメラの画像は1つの点からできている
アナログ
一眼レフカメラ
使い捨てカメラ
ネガフィルム
写真
デジタル
デジタルカメラ
クラウド
HDD
USB
iPhone
スマートフォン
画像
拡大
（微分）
画素（ピクセル）
ルービックキューブ

画像は点でできている

12 最近よく聞く画素（ピクセル）とは？

画質と画素数の関係

先ほどは、画素（ピクセル）を紹介しました。点（ドットともいいます）に色の情報を加えたものが画素（ピクセル）です。ここでは、画素数の知識をさらに深めて、他にもよく耳にする解像度、フルHD（2K）、4K、8Kなどのお話につなげていきます。

画素数とは？

画素数は1つの画像に何個の画素があるのかを表しています。100万画素（1メガピクセル）の場合は、100万個の画素から成り立っている画像になります。画像は縦×横の長方形でできていますから、画素数を面積と考えて、縦と横に割り振ります。

例えばスマートフォン等のカメラ設定で「1920×1080画素」で撮る場合、1920×1080＝2,073,600＝207万3600画素です。これがフルハイビジョン（フルHD、2K）画質です（Kは1000倍を表しており、1920×1080≒2000×1000＝2K×1K＝2Kと省略しています）。

近年は4K、8Kという言葉も耳にしますが、4Kは2Kの2倍ですから、3840×2160＝8,294,400画素から構成され、8Kは4Kの2倍ですから、7680×4320＝33,177,600画素から構成されています。

画素数は、あくまで画素の数ですから、画素数が高くても、表示するものが対応していなければ画質がいいとは限りません。また、性能が良くても使いこなせなければ、良い画質にはなりません。

HD、フルHD、4K、8Kとは？

● HD、フルHD、4K、8Kの違い

画質	画素数	
HD（ハイビジョン）	1280×720	2,073,600≒207 万画素
フル HD （フルハイビジョン/2K）	1920×1080	2,073,600≒207 万画素
4K	3840×2160	8,294,400≒829 万画素
8K	7680×4320	33,177,600 ≒ 3318 万画素

● フルHD、4K、8Kの関係

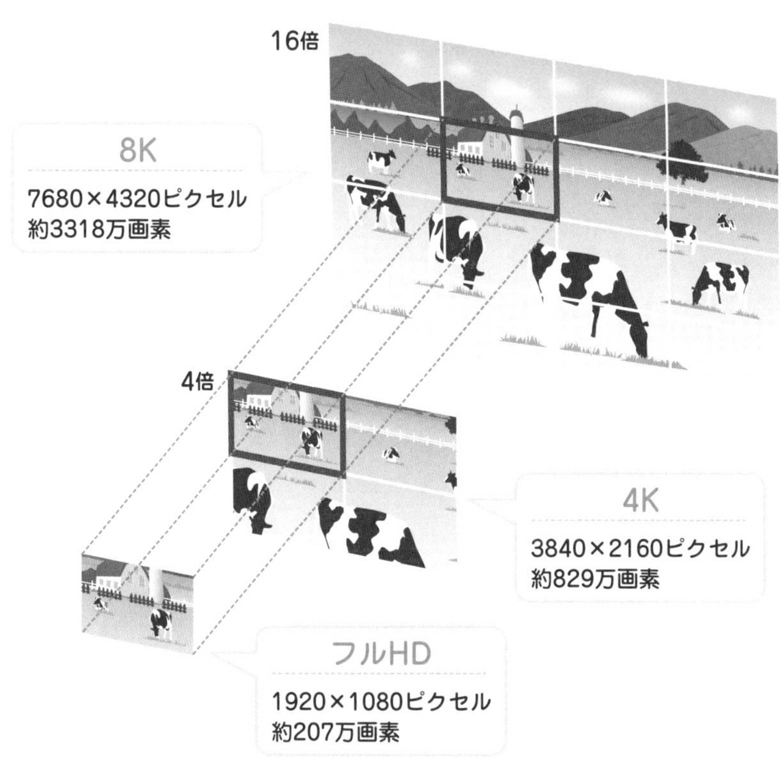

第4章

数学が支える最新技術

13 AI・機械学習・ディープラーニングの紹介

最新技術にも使われる微分積分

近年よく耳にする言葉に、**人工知能(AI)**、**機械学習**、**ディープラーニング**があります。この分野においても微分積分が活躍します。

人工知能(AI)、機械学習、ディープラーニングの関係性は右図の表の通りで、人工知能の一部に機械学習があり、機械学習の一部にディープラーニングがあります。

人工知能(AI：Artificial Intelligence)は、人間の仕組みをコンピュータで行いたいという欲求から始まったものです。人工知能というと最近広まった研究という印象を持ちますが、最初のブームは1956年で、同年アメリカで開かれたダートマス会議で、ジョン・マッカーシーが、人工知能という言葉を使ったことから始まりました。

機械学習(ML：Machine Learning)は、人間が経験し学習することをコンピュータで実現する技術です。具体的には、コンピュータ上の画像や音声、文字を数値に置き換えて、数値の情報をもとに判断を下します。そのために、コンピュータに入力するxとコンピュータから出力するyの関係性・規則性を見つけます。

ただし、機械学習では、「どうやって判断を下すのか？」という具体的な手順が示されていません。コンピュータに、人間のように「適当にやっておいて」といったら自動的にやってくれるわけではありません。具体的にどういった手順で進めていくのかを示す必要があります。その具体的な手順を明示したものを**アルゴリズム**といいますが、アルゴリズムの一例がディープラーニング(深層学習)なのです。

関数、微分積分の先にはAIが待っている

● 人工知能・機械学習・ディープラーニング

人工知能（AI：Artificial Intelligence）

人間と同等の仕事をコンピュータに行わせる技術

機械学習（ML：Machine Learning）

人間が経験し学習することをコンピュータで実現する技術
➡データを解析し関係性や規則性を見つけ判断や予測をする

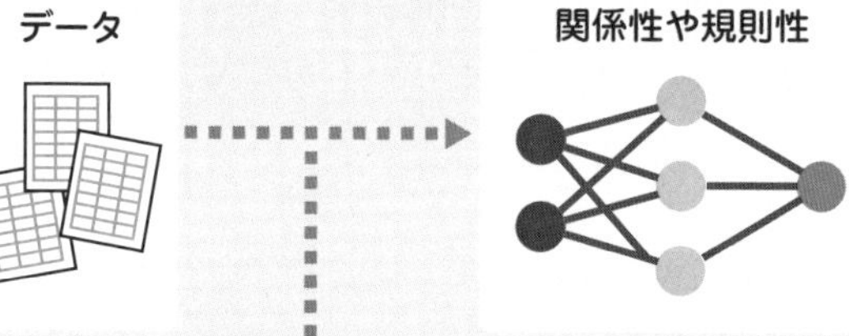

ディープラーニング（深層学習）

機械学習の手法（アルゴリズム）の１つ

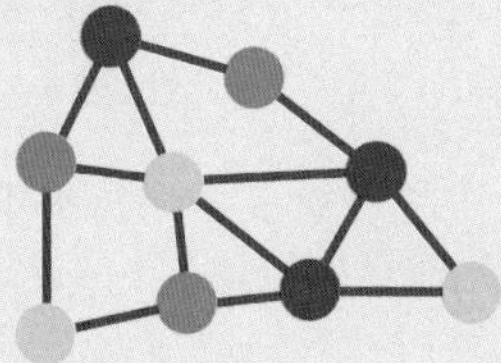

ディープラーニングで数学が使われる仕組み

それでは、ディープラーニングでどのように数学が使われているのか、画像認識を例にとって紹介します。なお、ディープラーニングは深層学習と訳されます。

例えば、右頁のようにネコの画像があるとしましょう。この画像をディープラーニングが備わったコンピュータに入力するとネコという言葉が出力されます。現代のコンピュータは様々なことができますが、コンピュータ自身が扱っているのは今も昔も0と1という2つの数値だけです。様々なデータを0と1の数値に置き換えて計算しています。

これは、ディープラーニングであっても同じです。人間はネコの画像を見てネコと種別の判断をしていますが、コンピュータはネコの画像を数値に置き換えて計算し、ネコという結果を数値で表すのです。

この際、入力した数値に対応した別の数値に変換する計算こそが関数ですから、画像認識は関数の計算をしていると考えられます。

ここで画像データを数値にする過程を紹介していきます。「写真の画素数と積分の関係」にあったように、画像データを拡大してみると、1つ1つの点が集まったもので構成されており、色の情報を加えたものがピクセルでした。

色はRGBと呼ばれる光の3原色で表されます。すべての色はR(赤)、G(緑)、B(青)の強さで表すことができます。黒であれば、R(赤)、G(緑)、B(青)がどれも0、白であればR(赤)、G(緑)、B(青)がどれも255です。右頁の図にあるネコの色は、R(赤)127、G(緑)211、B(青)241です。

この数値をコンピュータはさらに0と1だけに置き換え、関数を使って具体的な計算をします。計算結果は、右頁のように確率にした後、出力しています。確率で答えを出しますから、間違えることもあります。SNSで間違ってタグ付けされる場合などが間違いの一例です。

コンピュータの画像認識は関数が行っている

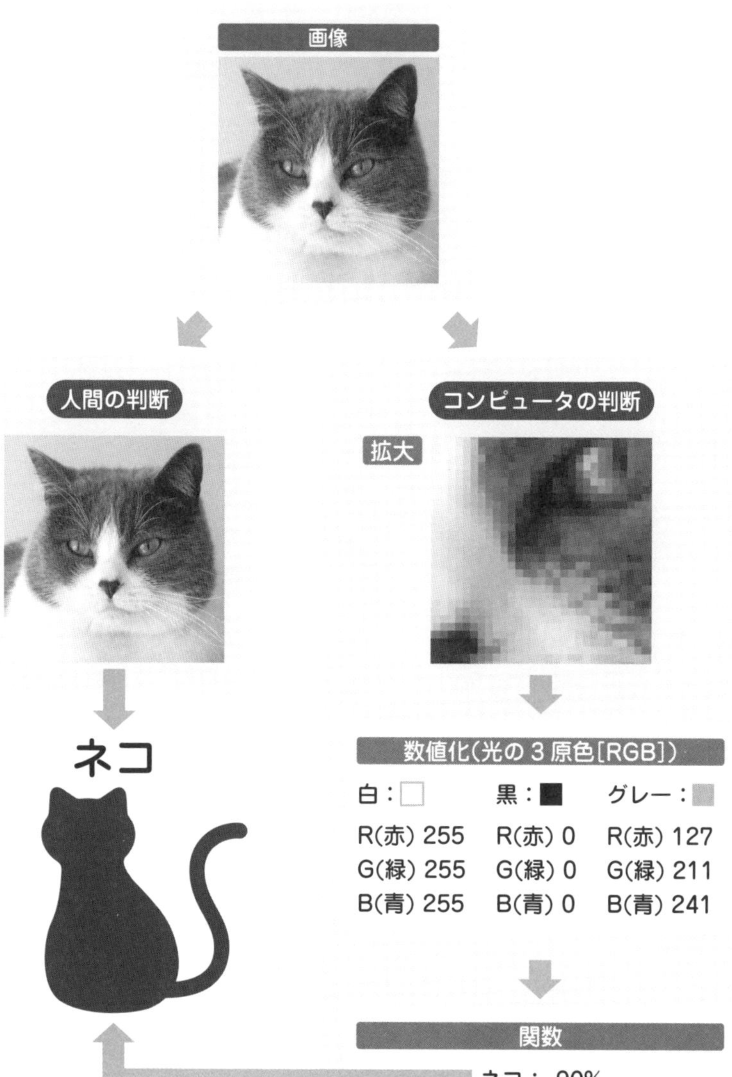

ここでは、人工知能の中でも特にディープラーニングで使用される関数を少し紹介していきます。

ステップ関数（ヘビサイドの階段関数）

右頁のグラフをご覧ください。座標平面の左半分（xがマイナスのとき）は、yの値が0で、座標平面の右半分（xがプラスのとき）は、yの値が1となる関数を**ステップ関数**といいます。

$$y=\begin{cases}1\ (x\geqq 0)\\0\ (x\leqq 0)\end{cases}$$

恒等（こうとう）関数

恒等関数と聞くと難しそうですが、右頁のグラフをご覧ください。式にすると「$y=x$」つまり1次関数です。「$x=1$」を代入すると「$y=1$」。「$x=2$」を代入すると「$y=2$」のように入力した値「x」と出力される値「y」が一致する「変わらない」ことを表す関数です。

ReLU関数 (Rectified Linear Unit：正規化線形関数)

ReLU関数は右頁のグラフのように、座標平面の左半分（xがマイナスのとき）は、yの値が0で、座標平面の右半分（xがプラスのとき）は、恒等関数と同じ「$y=x$」となります。（これを1つの式にすると「$y=\max\{0, x\}$」とやや複雑になります。）。

シグモイド関数

右頁のグラフのようにS字型した曲線をを**シグモイド関数**といいます。式は複雑になるので形状の紹介にとどめます。

ディープラーニングでは関数の使い方が重要

● 人工知能で利用される関数

ステップ関数

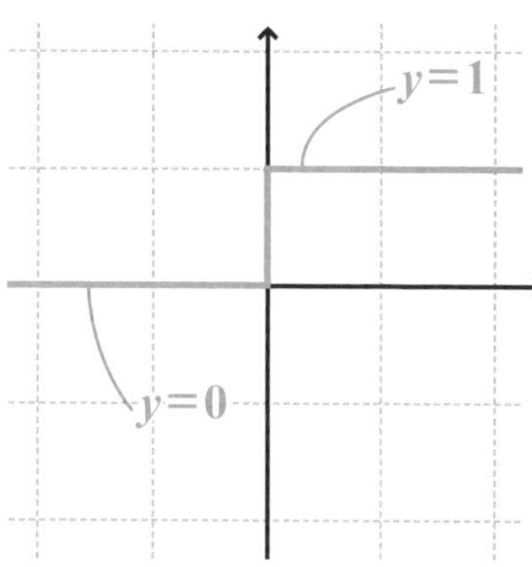

恒等関数

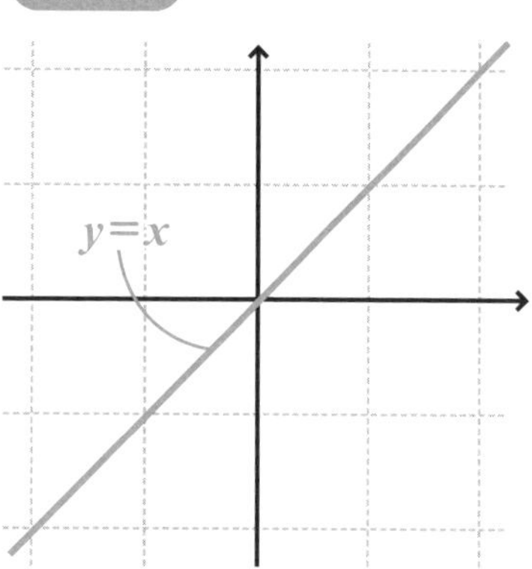

ReLU 関数

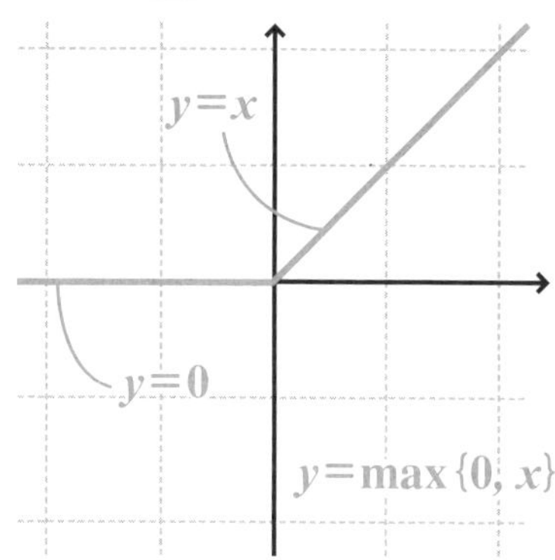

シグモイド関数

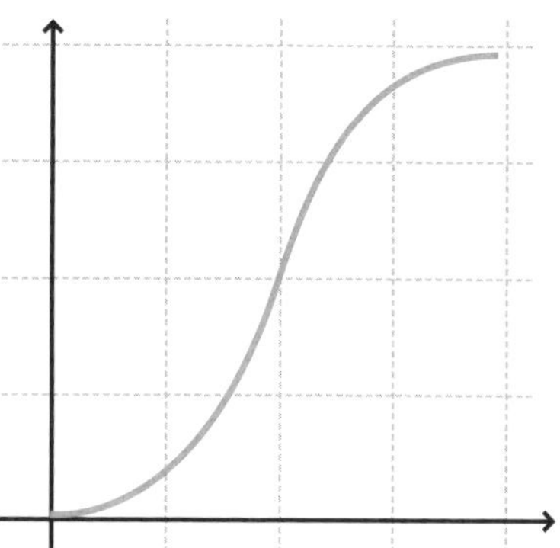

AIの活用例は

私たちの生活に欠かすことができなくなったSNS。手軽に記事や写真が投稿できるようになりましたが、同時に新たな問題も出てきました。それはSNS内の安全性の確保です。SNSは気軽にできるため、ときに不適切なコンテンツ(記事や画像)が投稿される可能性もあります。不適切な投稿に、きちんとした対処をしなければコミュニティの安全性を保つことはできません。しかし、1日に億単位で投稿される記事や画像を人間が1つ1つ追うことは不可能です。これをコンピュータが自動的に判断・処理することでSNSの安全が保たれています。その際に、画像認識などのAIの技術が使われています。

AIは画像や音声も認識できる

画像認識はさらに発達し、画像認識レジやキャッシュレス店舗(Amazon Go等)、さらに車やバスの自動運転などの実用につながっていきます。キャッシュレス店舗は、新型コロナウィルスのようなパンデミックが発生した際に、対面接客を減らす上でも効果があり、自動運転は将来的に交通事故の減少につながります。

画像認識のみならず音声認識もスマートスピーカー(AIスピーカー)の普及によって私たちの生活に溶け込んできました。スマートスピーカーに搭載されているAIアシスタントのAlexaやSiriという単語もよく聞くようになりました。音声認識は、コンピュータにより音声データとテキストデータを組み合わせることで、音声からテキストに変換する技術です。スマートスピーカー(AIスピーカー)は、スピーカーに話しかけることで音楽やラジオの再生、ニュースやお天気の情報収集など、ちょっとしたことがより気軽にできます。

ディープラーニングによって大量のデータを処理できるようになり、画像認識・音声認識の向上につながりました。このような**画像認識・音声認識を関数や微分積分などのツールが支えているのです。**

私たちの生活に馴染み始めたAI

画像認識

人物の認識

画像認識レジ

自動運転

キャッシュレス店舗

Amazon Go

音声認識

商品名	Amazon Echoシリーズ
AIアシスタント	Alexa

第5章

キャラクターのいのちを生み出す微分積分

3Dアニメーションを支える数学

01 アニメやゲームのキャラのポジションを決める

アニメ・ゲームには微分が不可欠!?

トイ・ストーリーやモンスターズインクという大ヒットアニメを制作している会社といえばピクサーです。**そのピクサーが作成するアニメを支えているのは、実は数学なんです。**

まずアニメやテレビゲームではキャラクターの位置を決めなくてはいけません。その際、座標平面と座標が使われます。

キャラクターを移動させる場合は、座標上でたし算やひき算が使われ、キャラクターを拡大したり縮小したりするには、かけ算やわり算が使われます。キャラクターを回転させる場合は角度が必要ですので、三角関数という角度の大きさを使った関数を用いていきます。

キャラクターを動かすのみならず、キャラクター自体を作るのにも座標が使われるのです。右頁のように座標上に書かれているキャラクターをどんどん拡大していき、拡大されたキャラクターの目に着目してみましょう。キャラクターの目は黒色に見えますが、拡大されたキャラクターの目を構成しているピクセルは黒色以外にもいくつか使われています。私たちが見ているピクセルは全体の一部でしかありません。このピクセルの色を数学に置き換えて、アニメを作っているのです。

そういえば、こうやって拡大して拡大して微小のシンプルな部分に着目するのは…そう微分です。微分を使って構成要素をシンプルにして、積分を使ってキャラクターを作りあげていくのです。

アニメのキャラクターが座標平面で活躍する

● 座標平面の動き方を数学で表す

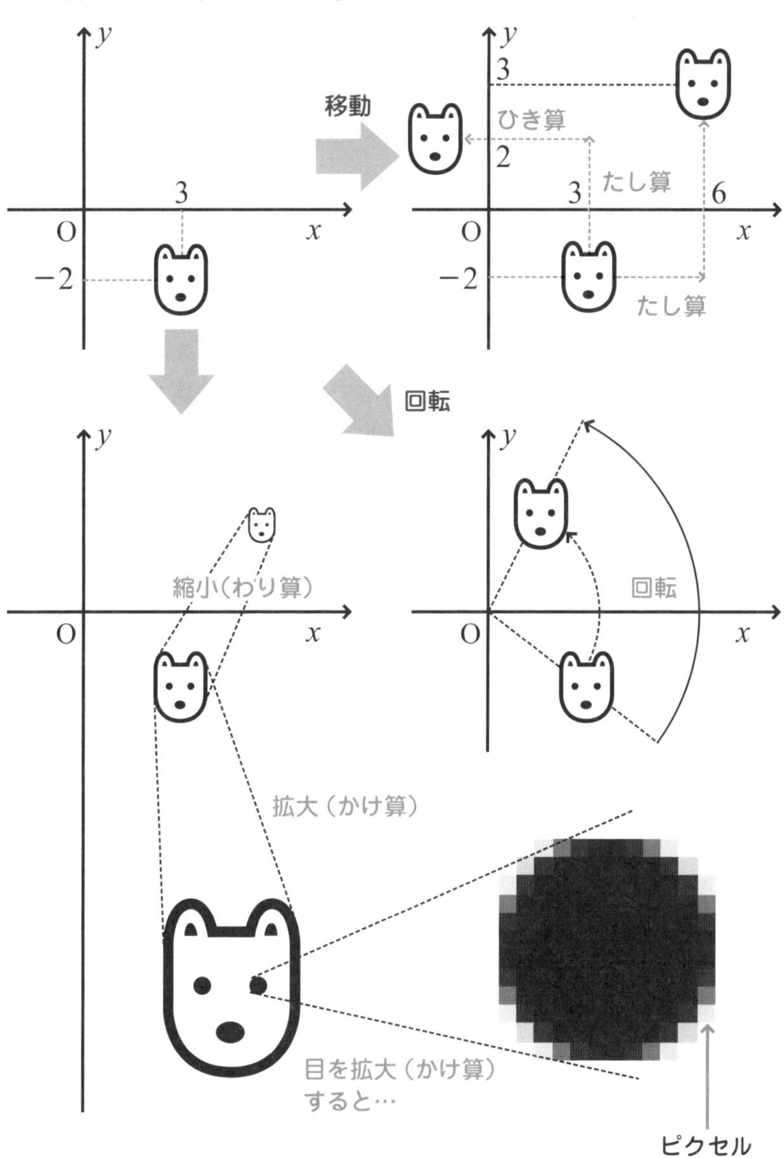

座標がキャラクターを作る

02 3Dのキャラクターはどう作っている？

コンピューターによるモデリング

現代では2次元のアニメやゲームだけではなく、3次元（3D）のアニメやゲームも人気です。3Dのキャラクターを作るときは、コンピュータでモデリングをしていきます。モデリングとは粘土で実物を作るようにキャラクターを作っていくことですが、3Dのアニメやゲームのキャラクターでは、粘土の代わりにコンピュータを使ってモデリングしていきます。

3Dキャラクターの作成手順は

❶初めに3次元の空間に、コンピュータで点をプロットします。
右図の座標$(2, 3, 4)$のように座標を用いてプロットします。

⬇

❷プロットした点と点を結んでいきます。

⬇

❸点と点を結んでいきキャラクターやモノの輪郭を作っていきます。
この点と点をついだものを**ワイヤーフレームモデル**といいます。

⬇

❹表面を貼り付けていくと、3Dのモデルが出来上がります。

座標をフル活用することが、アニメやゲームなどの私たちの楽しみにつながっているのです。

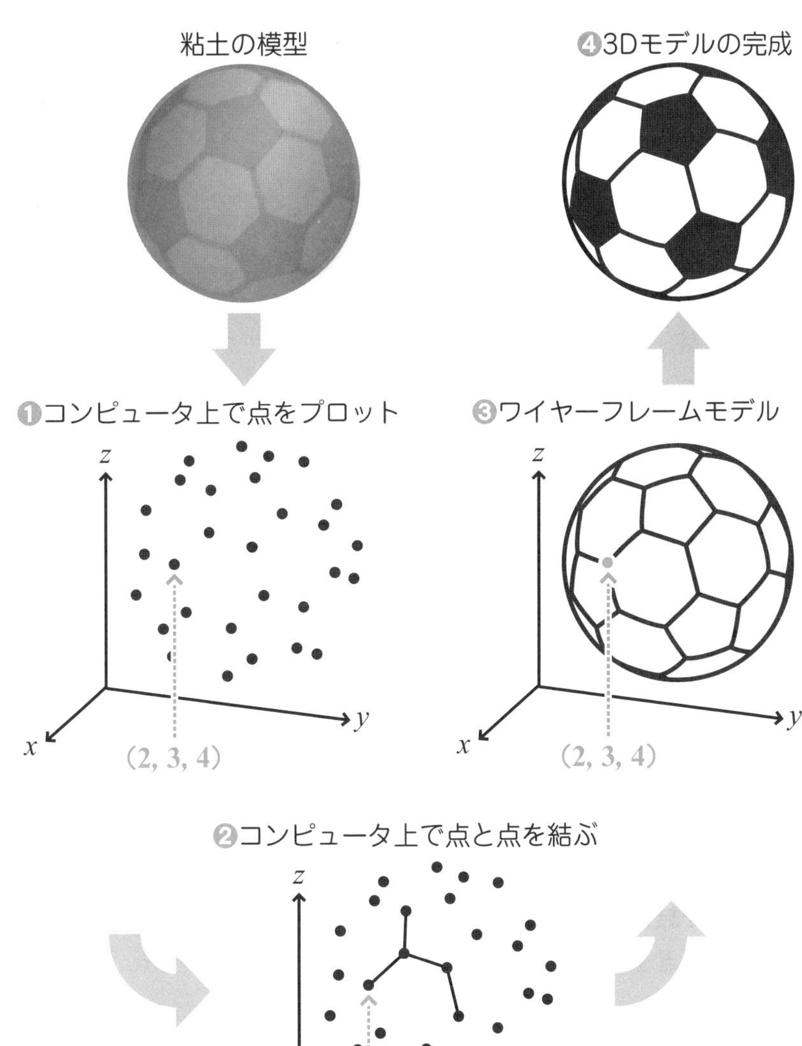
3Dモデルが作成される過程を見てみよう
粘土の模型
❹3Dモデルの完成
❶コンピュータ上で点をプロット
❸ワイヤーフレームモデル
z
y
x
(2, 3, 4)
z
y
x
(2, 3, 4)
❷コンピュータ上で点と点を結ぶ
z
y
x
(2, 3, 4)

第5章

リアルさの追求には関数が最適！

03 「草」を表現するには関数がうってつけ！

3Dの風景を1つ1つ書いたら大変

アニメやゲームにはキャラクターのみならず風景が必要です。私たちが普段何気なく目にする自然な風景を1つ1つ書き再現するのはベストですが、それでは多大な労力がかかります。

そこで数学とコンピュータの力を活用します。自然の風景に現れる共通な性質を見つけ、数式化・数値化していきます。

もちろんコンピュータ上で自然な風景を作るためには、机上だけでできるのではなく、私たちが何気なく目にする風景を意識して観察する必要があります。観察を続けることで、自然な風景に共通する性質を数学に置き換えるアイディアが浮かんでくるのです。

草をコンピュータ上で再現するには

例えば、草に注目します。草は曲線、もしくは曲線の組合せでできています。曲線を表す式は、$y=x^2$、$y=\sqrt{x}$、$y=x^3$、…と無数にあるので、「単純なものから利用できないか？」と考えていきます。単純といっても草は直線ではなさそうです。そこで、放物線を描く2次関数の$y=x^2$を採用してみます。2次関数の一部を取り出し、色、高さ、幅、角度を変えてみることで、様々な2次関数が現れます。そこから草に似ているものを採用していくのです。

このように植物などに合う曲線を見つけることができれば、創造を絶する規模の風景を数学の式1本を活用することで再現できるのです。

草を関数で表現してみよう

● 草に似ている関数は？

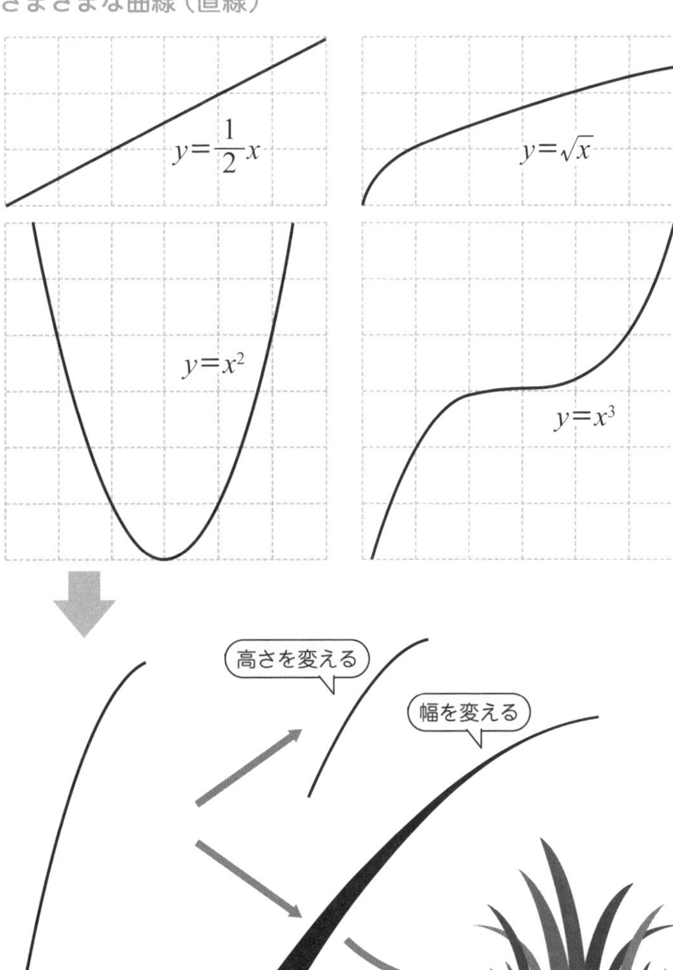

第5章

光の反射が現実感を際立てる！

04 コンピュータで光の特徴を再現する

ボールの違いを触らずに分かるのはなぜ？

近年の映画、テレビ、VRのアニメーション、ゲームなどのキャラクターやセットは、実在するものとそん色のないほど質の高い作品をコンピュータで作ることができます。

例えば右頁にあるボールはボウリングのボールとテニスボールと分かりますが、触らずになぜそう分かるのでしょうか？

触らなくてもわかるのは、目で見て物の表面を判断しているからです。外見でキャラクターが何でできているのか分かります。

キャラクターやセットの見た目を表現する方法は様々ありますが、最も効果的な方法は、表面の光の反射を変えることです。右頁の図のように光を完全に反射する正反射や拡散反射を利用していきます。

ボウリングのボールとテニスボールの違いをどうつくる？

ボウリングやビリヤードのボールは、照明を当てると光がたくさん反射します。固く丈夫で滑らかなので光を透過せず輝いて見えるのです。反対にテニスボールの表面は、綿状で光を反射しないので、マットで柔らかな素材でできていると判断できます。

つまり、様々な色合いのライトを当てることによって様々な印象を見る側に与えることができるのです。この光の反射の原理を使って、映画やテレビの物体の質感、奥行きをつけているのです。

ボールの違いを判断させるものは

ボウリングのボールとテニスボールの違いがなぜ分かる？

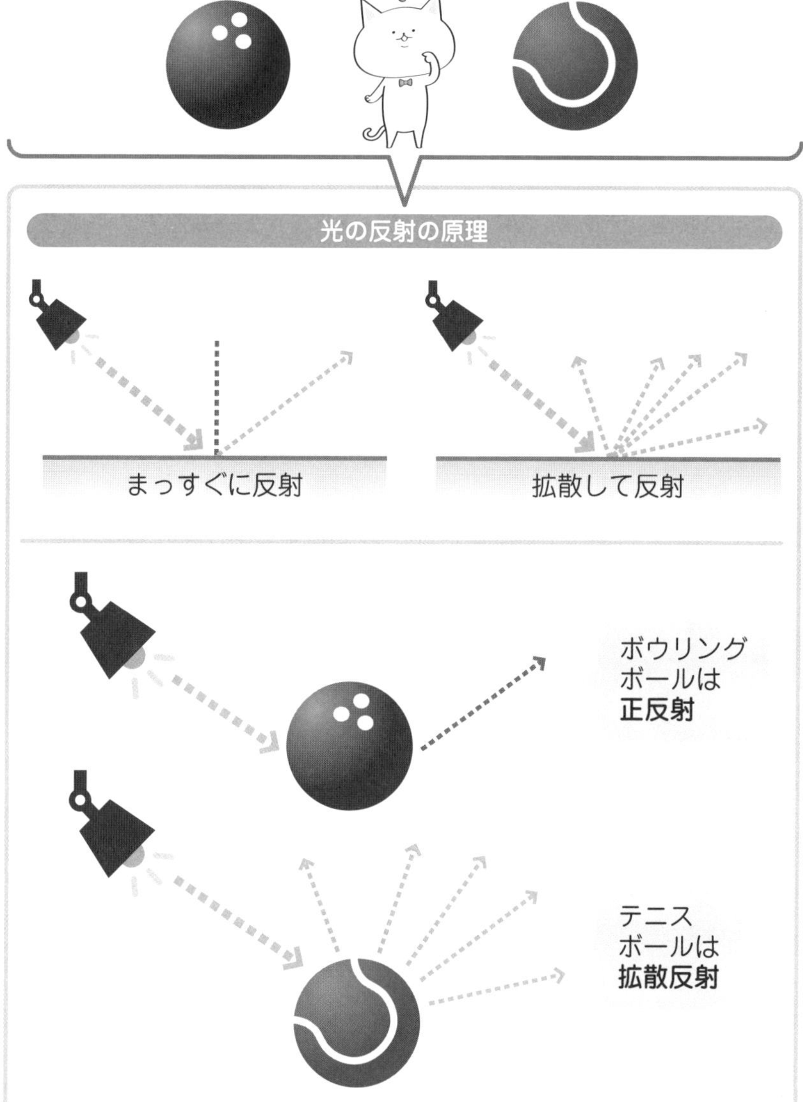

3D表現を操る「双方向反射分布関数」

先ほど、質感、奥行きは光の反射で表していると紹介しました。

光の反射は、反射する物の表面をどう表すかにかかっています。この表面の状態を数学で表す手段が関数です。その関数を**双方向反射率分布関数**（BRDF）といいます。双方向反射率分布関数は、ある特定の角度から光を入射し反射させたとき、物の表面の見え方を計算する関数です。

光がまっすぐ反射するのか、透過するのか、それとも拡散するのかをコンピュータでは最初に物体の表面の色を決めた後、双方向反射率分布関数を使い反射率を調整します。双方向反射率分布関数が光の反射とカメラの位置から表面の見え方を計算します。表面が光を反射する場合は右頁の図のようにハイライトが形成されます。表面がマットのような場合は地の色がしっかりと見えます。

アニメ・ゲームを支える微分

以前は色や質感を加えることはできても、光の反射のコントロールは困難でした。今では、双方向反射分布関数によって光の反射の状態をとても細かく設定できるようになり、ボウリングボールなどのハイライトに限らず、アニメのキャラクターの瞳のハイライト（瞳のきらめき）などを、数学で表現できます。もちろんそれ以外にもガラス、プラスチック、木、シルク、人間の皮膚なども、あらゆるものを本物のように表現できるようになりなりました。

つまり、身の回りにあるどんなものも双方向反射率分布関数で外見の特徴を表現することができるのです。この双方向反射分布関数の式は、右図の通りです。難しそうに見えますが、この記号どこかで見ませんでしたか？　そう、微分の記号なんです。つまり、微分を利用すれば、アニメやゲームに登場する物体の奥行や質感の表現ができるのです。

光の反射は微分積分で作り出せる

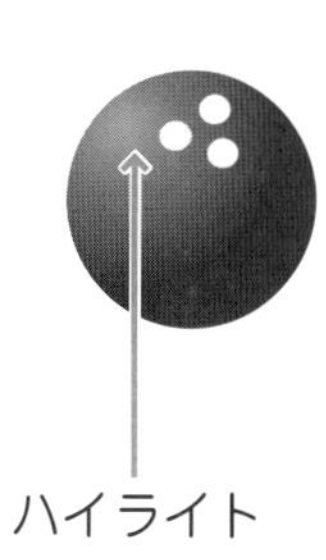

双方向反射率分布関数

$$f_r(x,\overrightarrow{\omega_r},\overrightarrow{\omega_l})=\frac{dL_r(x,\overrightarrow{\omega_r})}{dE_i(x,\overrightarrow{\omega_l})}$$

$f=\dfrac{dL}{dE}$ は微分の記号 $\dfrac{dy}{dx}$ と同じ形

- 微分が光の反射を表現する
- 光の反射で物体の奥行や質感を表現

微分が物体の奥行や質感を表現

第5章

微分積分で動きが繋がる！

05 アニメーションは微小な変化の連続

微積のアイディアはアニメーションと同じ！

アニメーションは、一連の絵を少しずつ変えていき、それを連続的に再生することで成り立っています。ざっくりいうとパラパラマンガですね。この「少しずつ変える行為」が微分に該当し、「連続的に再生する行為」が積分に該当します。つまりアニメは微分積分の連続によって成り立っているともいえます。この一連の流れを手描きでやるときは、まず絵を描き、連続したときに違和感がないよう少し変化した絵を描いて繋いでいきます。しかしこれは膨大な数の絵を描くことになり、非常に困難です。そこでコンピュータの力を借ります。

コンピュータ上のデジタルモデルを少しずつ変えて動かしていくことを**ポージング**といい、ポーズを座標に変換し、コンピュータでポーズとポーズを埋めていくことで、動きを生み出していきます。

基本的にコンピュータが人間の動きを分かるわけではないので、作り手がまずモデルを作り、自然な動きになるよう調整していきます。ポーズ間のぎこちない動きを自然で滑らかな動きに調整するには様々な方法がありますが、総じて**スプライン**と呼ばれる数学的機能を利用します（スプラインについてはP.164で説明していきます）。

なお、3Dの位置推定は世界三大国際会議の一つCVPR2020で大変盛り上がりました。3Dの位置推定は、キャラクターの形からどういう骨格なのかを推定し、骨格の動きをもとに行います。今までは3Dのゲームをすると、キャラクターが不自然な動きをすることは少なからずありましたが、会議では人間と見間違えるほど精度の高いものが示されていました。これからの3Dはさらに進化を遂げそうです。

パラパラマンガは微分積分の応用

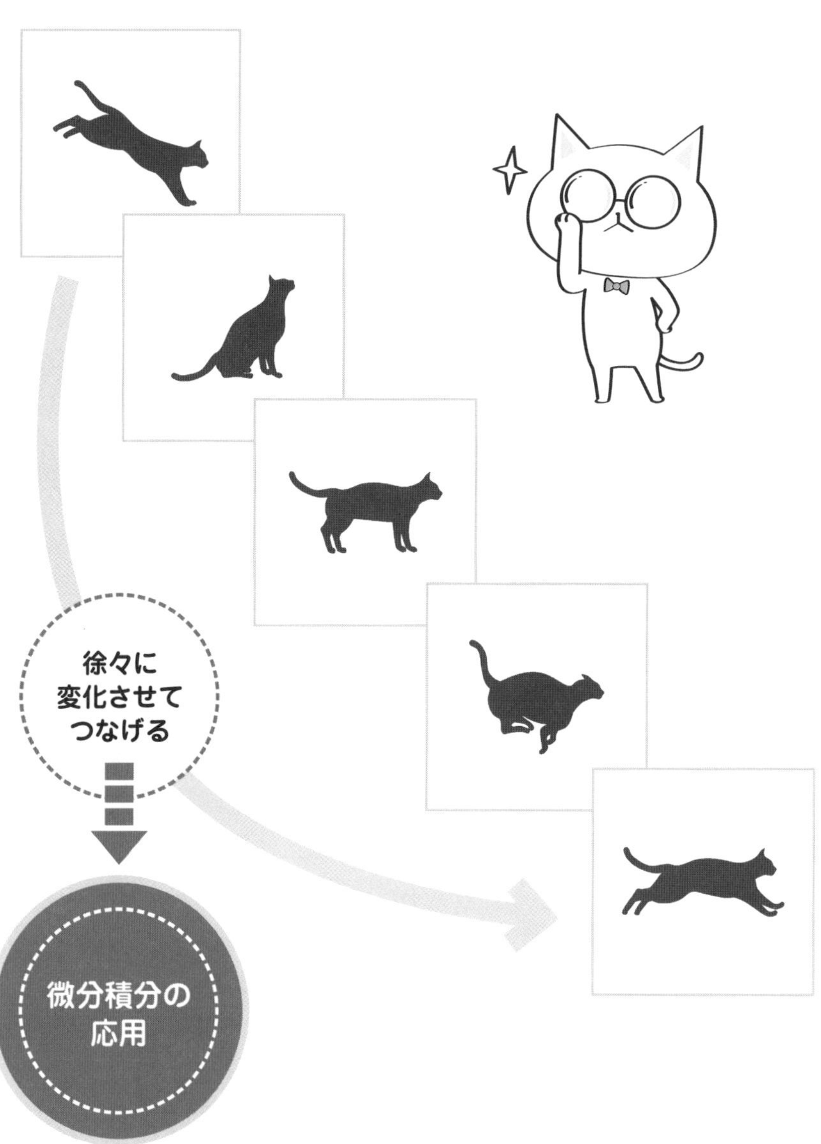

数学が自然さを演出する

06 ぎこちない動きを自然な動きに調整する「スプライン」

スプライン曲線で自然な動きに近づける

スプラインは、製図用具の名称です。一種の曲線定規で、しなやかで弾力のある細長い板をさします。このスプラインを用いてできる曲線を**スプライン曲線**といいます。いくつかの点を通る滑らかな曲線なので、様々な曲線を表すことができます。

例えばサッカーボールをA地点から投げて、弾ませてB地点まで到達させるときを考えます。コンピュータは右図のような、直線的な軌道と一定のスピードの動きが得意ですが、現実のボールの軌道はカクカクしていません。物理的にサッカーボールのスピードは落下時に加速し、上昇時に減速していきます。そのため、スプラインの形を自然になるように調整し、サッカーボールの動きが自然に見えるようにします。

もちろんボーリングのボールの場合はサッカーボールのようには弾みません。しかし、コンピュータはサッカーボールとボーリングのボールの弾み具合の違いを理解しているわけではないので、ボーリングのボールを全く重くないようにすることもできてしまいます。しかし、それではボールの行方に違和感が混ざって、見ている私たちの脳が混乱してしまいます。

そこで、ポーズ間のボールのスピードの設定をすることで、ボールが重いのか？　軽いのか？　を表現していきます。もちろん、光の当て具合で重量感を表すことは変わりません。

スプライン曲線によるボールの動き

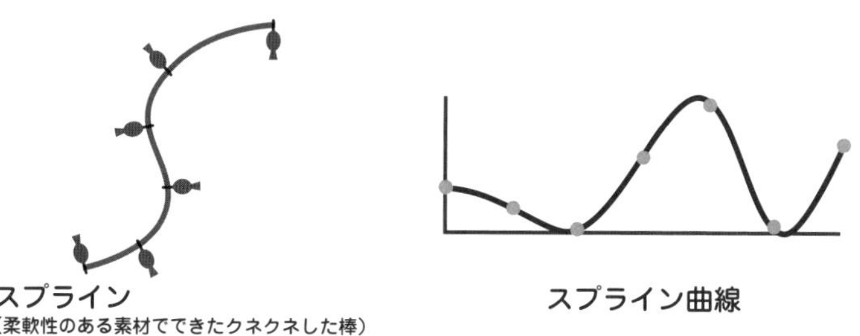

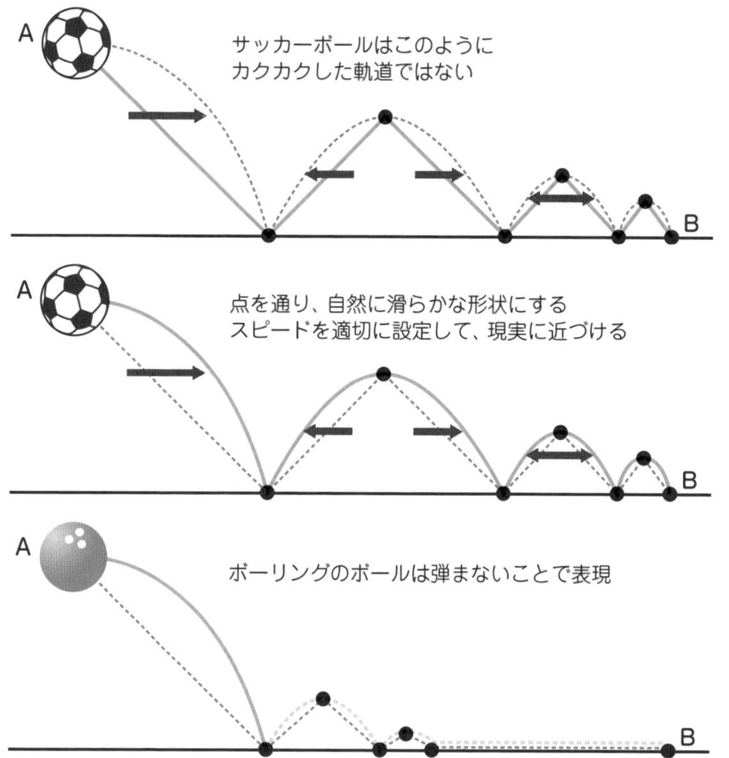

髪の表現にも数学がうってつけ！

07 キャラクターの巻き髪を物理学で作る

巻き髪は数式で表現できる

テレビドラマや映画で不吉なシチュエーションを予感させるとき、食器が割れることでシーンを演出することがよくあります

同じようにアニメやゲームでは主人公の性格や置かれている状況などを一目で予想させなくては物語に入りこめません。そこで、着ている服装や髪に本人の性格を表現させることがよくあります。

例えば、髪の毛に登場人物の性格を反映させる場合を考えてみると、1本1本髪の毛を作り上げるのは困難です。そこで髪の表現をシミュレーションしていきます。

髪の毛の物理的な動きをプログラミングしていきます。コンピュータで数学的なシミュレーションを行うと、髪の毛の位置を1本ずつ確認する必要がなくなり効率的です。

もちろん巻き髪をプログラミングするには、数学的にモデル化できる身近なものから髪の毛の動きと似たものを探していかなければなりません。例えばバネです。バネを含む問題は物理の教科書で何度も登場し、数式化できるモデルです。巻きバネで髪の毛を作り、各々の巻きバネを固くしたり柔らかくしたりすることで、自然の巻き髪の動きに近づけていきます。いくら似たような数学モデルができても、私たちが日常的に見る髪とちょっとでも違えば、違和感を持ってしまい物語が作られたものに見えてしまいます。数学的に作り出したモデルを何度も何度もシミュレーションしていき、物語に溶け込むようなキャラクターの髪を作っていくことができます。

巻き髪も数式で表現できる

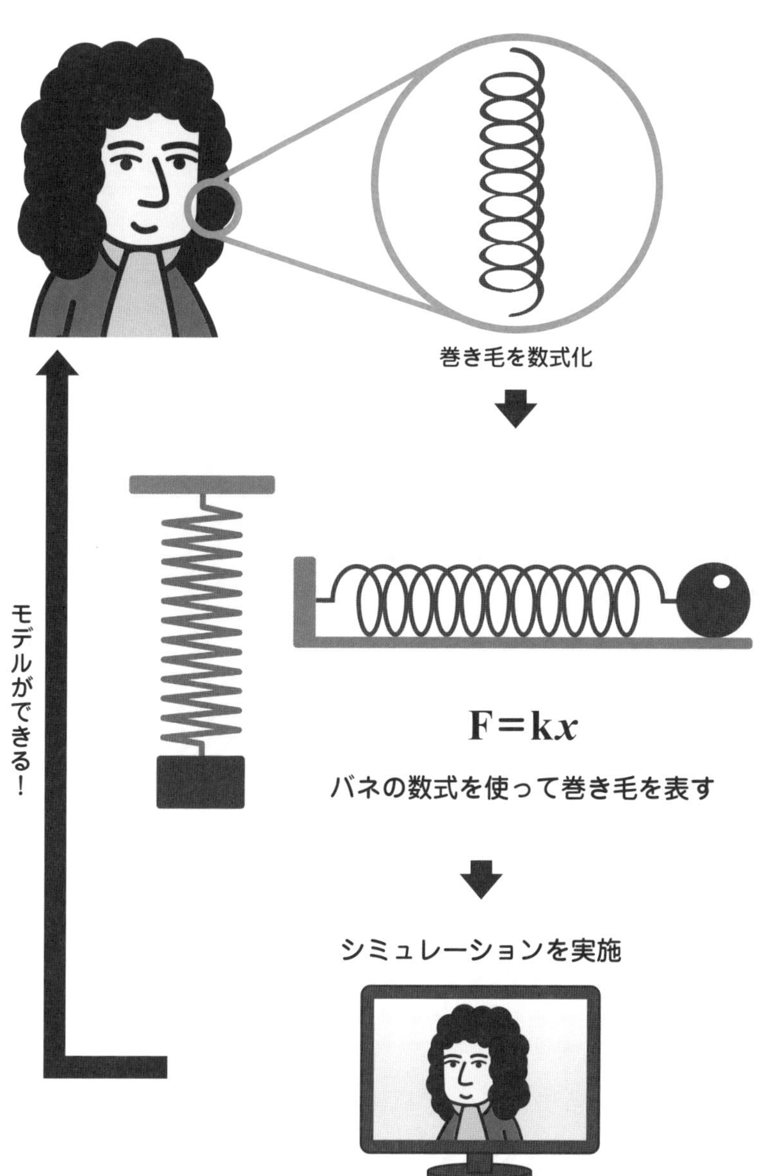

創造的休暇がもたらすサイエンスの未来

ニュートンが3大業績を成し遂げた時期は？

2020年、新型コロナウイルスによる感染症が短期間で全世界に広がり、地球レベルの事態となりました。感染防止のため多くの方が自宅で勉強や仕事をせざるをえなくなり、私たちが普段している当たり前のことが、如何に当たり前ではなく尊いものなのかを身をもって体験させられました。

このような感染症は過去にもありました。しかし、自宅にいる時間を研究にたっぷり費やすことで未来を変えてしまう大きな成果につなげ、その期間が後に「創造的休暇」といわれるようになった人物がいます。その人物こそ、本書のタイトルである微分積分という学問を確立して発展させたアイザック・ニュートンです。

1665年、ニュートンがいたイギリスのロンドンではペストが大流行して年間7万5000人もの死者が出ていました。そのため、ニュートンが通っていたケンブリッジ大学も閉鎖され、故郷のウールスソープに戻ることとなりました。すると、ニュートンはこの大学の閉鎖期間中に三大業績と呼ばれる「流率法（微分積分法）」「万有引力の法則」「光学理論」の発見や証明を行い、科学を発展させたのです。

ニュートンは突然与えられた時間（休暇）と向き合うことで科学を変えました。このときに生まれた「流率法（微分積分法）」が、AIを支えるツールとなり、私たちの生活を便利にしています。ニュートンが、この休暇を迎えなかったら、私たちはAIを駆使した便利な生活ができなかったかもしれません。だからこそ突然与えられた時間は、ニュートンのように本当にやりたかったことを実行していきましょう。それが微分積分のように、後世の未来を変えるものになるはずです。

● 17世紀にペスト（感染症）が流行

ペストによってニュートンが通っていた大学が閉鎖

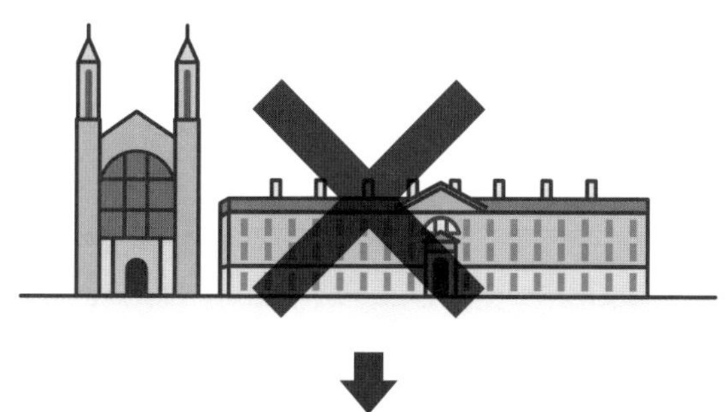

故郷への帰省期間で３つの偉業を達成

万有引力の法則
➡りんごのエピソード

流率法
➡微分積分の基礎を築く

光学理論
➡プリズムによる光の分析

● 2020年、世界中でコロナウィルスが流行

世界中で外出を制限される中

この時期をどう過ごすかで未来が変わる！

おわりに

「早く行きたいならひとりで進め」
「遠くに行きたいならみんなで進め」

という「ことわざ」を耳にして、妙に納得したことがあります。
私は数学を教える職に就いてから長い年月が経ちました。その間、数学を苦手にする方に多く会ってきました。数学が苦手になる理由は様々ありますが、多くの人は一人で悩んでいました。人間には得意・不得意がありますから、一人でできることには限りがあります。でも心配はいりません。一人でできないことは、みんなの力で解決すれば良いと、ことわざが教えてくれたからです。

私が所属する海上自衛隊はチームプレーを基本とします。艦艇、潜水艦、航空機いずれもチームで運用します。そのため、みんなの力で解決する術を叩き込まれます。それは数学であっても同じです

私が普段教えるパイロット候補生の航空学生の中には、入隊時に数学が苦手な学生もいますが、克服して次の課程に進みます。数学が苦手な学生を見ていると、同期、先輩、教官に助言をもらいながら、チームで克服している姿が目に映ります。一人で克服できない問題を、チームで克服しているのです。そのように、本書が苦手な数学を克服するきっかけになれば、これほどうれしいことはありません。

最後になりますが、編集部の石谷直毅氏には、大変お世話になりました。私もまた一人で進んだら、この「あとがき」にたどり着けませんでした。この場をお借りして、厚くお礼申し上げます。

防衛省　海上自衛隊　小月教育航空隊　数学教官
佐々木淳

イラスト協力
nicospyder(@nicospyder)

参考文献

『微分積分 最高の教科書 本質を理解すれば計算もスラスラできる』
(SBクリエイティブ/今野紀雄/2019年)

『眠れなくなるほど面白い 図解 微分積分』
(日本文芸社/大上丈彦/2018年)

『深層学習教科書 ディープラーニングG検定(ジェネラリスト)公式テキスト』
(翔泳社/2018年)

『人工知能プログラミングのための数学がわかる本』
(幻冬舎/石川聡彦/2018年)

『学校では教えてくれない!これ1冊で高校数学のホントの使い方がわかる本』
(秀和システム/蔵本貴文/2014年)

『知識ゼロからの微分積分入門』
(幻冬舎/小林道正/2011年)

『微分・積分の意味がわかる―数学の風景が見える』
(ペレ出版/野崎昭弘 他/2000年)

著者紹介

佐々木 淳（ささき じゅん）

1980年、宮城県仙台市生まれ。東京理科大学理学部第一部数学科卒業後、東北大学大学院理学研究科数学専攻修了。防衛省海上自衛隊数学教官。
数学検定1級、算数・数学思考力検定（旧：ｉＭＬ国際算数・数学能力検定）1級、G検定（JDLA Deep Learning For GENERAL 2020#2）取得。
大学在学時から早稲田アカデミーで指導経験を積み、担当した中学2年生の最下位クラスでは、できる問題から「やってみせ」、反復演習「させてみて」、「ほめて」伸ばす山本五十六式メソッドで、自信をつけさせることに成功。開成・早慶付属校に毎年合格している選抜クラスの平均を超える偉業を達成。
その後、代々木ゼミナールの最年少講師を経て現職。海上自衛隊では、数学教官としてパイロット候補生に対する入口教育の充実、発展に大きく尽力した功績が認められ、事務官等（事務官、技官、教官）では異例の3級賞詞を受賞する。
著書に『身近なアレを数学で説明してみる　「なんでだろう？」が「そうなんだ！」に変わる』（SBクリエイティブ）がある。また、読売中高生新聞のコーナー「リスる」を担当している。

図解（ずかい） かけ算（ざん）とわり算（ざん）で面白（おもしろ）いほどわかる 微分積分（びぶんせきぶん）

2020年8月31日　初版　第1刷発行

著者　佐々木 淳
装　丁　広田正康
発行人　柳澤淳一
編集人　久保田賢二
発行所　株式会社　ソーテック社
〒102-0072　東京都千代田区飯田橋 4-9-5　スギタビル 4F
電話（注文専用）03-3262-5320　FAX03-3262-5326
印刷所　図書印刷株式会社

ISBN978-4-8007-2083-2